计算机组装与维护

（第5版）

学习指导与实训

谢夫娜　于景辉　纪彩凤　主　编◎

段　欣　主　审◎

电子工业出版社.

Publishing House of Electronics Industry

北京·BEIJING

内 容 简 介

本书是根据中等职业学校计算机课程改革的要求，与"十二五"职业教育国家规划教材《计算机组装与维护》（第 5 版）配套的教学用书。本书是对主教材的补充和完善，旨在通过大量习题的练习和上机实训，帮助学生理解所学知识，加强理论学习和提高实际操作技能。

本书既可作为主教材的辅助教材或练习册/上机实训册，也可作为职教类高考的学习指导教材，还可作为社会培训或从事计算机维修、销售和技术支持工作的专业人员的自学参考用书。

图书在版编目（CIP）数据

计算机组装与维护（第 5 版）学习指导与实训 / 谢夫娜，于景辉，纪彩凤主编. —北京：电子工业出版社，2022.5

ISBN 978-7-121-43409-9

Ⅰ. ①计… Ⅱ. ①谢… ②于… ③纪… Ⅲ. ①电子计算机—组装—中等专业学校—教材 ②电子计算机—维修—中等专业学校—教材 Ⅳ. ①TP30

中国版本图书馆 CIP 数据核字（2022）第 077355 号

责任编辑：郑小燕　　文字编辑：张　慧
印　　刷：涿州市京南印刷厂
装　　订：涿州市京南印刷厂
出版发行：电子工业出版社
　　　　　北京市海淀区万寿路 173 信箱　邮编　100036
开　　本：880×1 230　1/16　印张：5.5　字数：126.72 千字
版　　次：2022 年 5 月第 1 版
印　　次：2024 年 6 月第 6 次印刷
定　　价：20.00 元

 PREFACE 前言

　　为适应中等职业学校计算机类专业人才培养的需要，进一步补充和完善"十二五"职业教育国家规划教材《计算机组装与维护》（第5版），我们组织编写了这本与主教材配套的教学用书。本书的编写以利于学生更好地掌握"计算机组装与维护"课程为目标，帮助学生加强理论学习和提高实际操作技能。

　　本书既是主教材的精缩本，又是与主教材配套的习题汇编与实训练习册。本书密切配合主教材各章节，每章分为四个部分："知识要点"部分扼要地阐述基本内容及重点、难点；"典型题解"和"自我测试"部分提供大量的基础知识习题，并对重点、难点进行详细分析；"本模块实训"部分给出实训任务及实训指导。本书最末提供了几套综合测试题，可用于系统检测学生对全书知识的掌握情况。

　　本书既可作为主教材的辅助教材或练习册/上机实训册，也可作为职教类高考的学习指导教材，还可作为社会培训或从事计算机维修、销售和技术支持工作的专业人员的自学参考用书。

　　本书由谢夫娜、于景辉、纪彩凤担任主编，段欣担任主审。

　　由于编者水平有限，书中难免有错误和不妥之处，恳请广大读者批评指正。

编　者
二〇二一年十一月

CONTENTS

模块 1

•••• 认识计算机

1.1 知识要点

 本模块概要

　　本模块主要介绍计算机系统的组成；主板、CPU、内存条、硬盘；显卡、显示器、声卡、输入/输出设备的结构、分类和主要性能指标。本模块的主要内容是对硬件的辨识，是计算机组装与维护的基础。

【知识点 1】计算机主机的概念

表 1-1　计算机主机

项　目	内　容
主机系统	冯·诺依曼存储程序原理
	计算机的主要硬件
	个人计算机架构分为两种，分别是国际商用机器公司（IBM）集成制定的 IBM PC/AT 系统标准，以及苹果公司开发的麦金塔系统
系统框图	台式计算机系统架构
	便携式计算机系统架构

【知识点 2】计算机主要硬件

表 1-2　计算机主要硬件

项　目	内　容
主板	主板构成、常见台式计算机主板规格、便携式计算机主板特点、常见元器件
芯片组	芯片组发展趋势，常见 Intel 芯片组、AMD 芯片组厂商及其命名规则
BIOS	BIOS 与 CMOS 的区别、常见 BIOS 厂商、UEFI 模式
CPU	CPU 厂商、CPU 封装形式、CPU 命名规则、CPU 分类
外存储器	硬盘、存储卡、光盘
内存储器	存放数据和程序、主要性能指标
音视频相关硬件	显卡、显示器、声卡
其他输入/输出相关硬件	网卡、蓝牙、无线键鼠、扫描仪、打印机

表 1-3　计算机端口

项　　目	内　　容
主要端口	高清晰度多媒体端口（HDMI）、数字视频端口（DVI）、视频图形阵列端口（VGA）、雷电端口（Thunderbolt）、高清数字显示端口（DP）、Mini DP 端口、AV 端口、S 端口、S/PDIF 端口、分量端口
通用串行总线（USB）	外部总线标准，包括 USB1.0、USB2.0、USB3.0、Mini-A、Mini-B 和 Mini-AB 等
其他端口	PCI-E

1.2　典型题解

【例题1】冯·诺依曼型体系结构的计算机硬件系统的 5 个基本功能部件是（　　　）。

　　A．输入设备、运算器、控制器、存储器、输出设备

　　B．键盘和显示器、运算器、控制器、存储器和电源设备

　　C．输入设备、中央处理器、硬盘、存储器和输出设备

　　D．键盘、主机、显示器、硬盘和打印机

　　分析：冯·诺依曼型体系结构的计算机硬件系统有运算器、控制器、存储器、输入设备和输出设备 5 个基本功能部件。

　　答案：A

【例题2】下列关于 CPU 的叙述中，正确的是（　　　）。

　　A．CPU 能直接读取硬盘上的数据

　　B．CPU 能直接与内存储器交换数据

　　C．CPU 的主要组成部分是存储器和控制器

　　D．CPU 主要用来执行算术运算

　　分析：内存储器能够与 CPU 直接进行信息交换，而外存储器不能与 CPU 直接进行信息交换，CPU 只能直接读取内存储器中的数据。

　　答案：B

【例题3】通常用 GB、KB、MB 表示存储器容量，三者中存储容量最大的是（　　　）。

　　A．GB　　　　　　　　　　　　　　　B．KB

　　C．MB　　　　　　　　　　　　　　　D．三者一样大

　　分析：存储器存储容量的最小单位是位（bit），它是二进制数的基本单位。8 位二进制数称为 1 字节（Byte），简写为 B。存储容量大小通常以字节为基本单位进行计量，常用的单位包括 KB、MB、GB，它们的关系是 1KB=1024B；1MB=1024KB；1GB=1024MB。

　　答案：A

【例题 4】 计算机的主频是指（　　　　）。

    A. 软盘读/写速度，用 Hz 表示

    B. 显示器输出速度，用 MHz 表示

    C. 时钟频率，用 MHz 表示

    D. 硬盘读/写速度

分析： 主频也叫时钟频率，是指计算机中 CPU 的工作频率。一般主频越高，计算机的运算速度就越快。主频的单位是兆赫兹（MHz）。

答案： C

【例题 5】 第三代计算机采用的电子元器件是（　　　　）。

    A. 晶体管　　　　　　　　　　B. 中、小规模集成电路

    C. 大规模集成电路　　　　　　D. 电子管

分析： 从计算机的发展角度，计算机采用的电子元器件依次为：第一代采用的是电子管；第二代采用的是晶体管；第三代采用的是中、小规模集成电路；第四代采用的是大规模、超大规模集成电路。

答案： B

【例题 6】 1946 年，首台电子数字计算机 ENIAC 问世。随后，冯·诺依曼在研制 EDVAC 时，提出了两个重要的改进，它们是（　　　　）。

    A. 引入 CPU 和内存储器

    B. 采用机器语言和十六进制

    C. 采用二进制和存储程序控制

    D. 采用 ASCII 编码系统和十六进制

分析： 和 ENIAC 相比，EDVAC 的重大改进主要有两个方面：一方面是把十进制改成二进制，从而可以充分发挥电子元器件高速运算的优越性；另一方面是把程序和数据一起存储在计算机内，从而使全部运算成为真正的自动过程。

答案： C

【例题 7】 我国从 2001 年开始自主研发通用 CPU 芯片，其中第一款通用的 CPU 是（　　　　）。

    A. 龙芯　　　　　　　　　　　B. AMD

    C. Intel　　　　　　　　　　　D. 酷睿

分析： 龙芯 CPU 是中国科学院计算机技术研究所自行研制的高性能通用 CPU，也是我国研制的第一款通用 CPU。2002 年 8 月 10 日诞生的"龙芯一号"是我国首枚拥有自主知识产权的通用高性能微处理芯片。从 2001 年以来我国共开发了龙芯一号、龙芯二号、龙芯三号三个系列处理器和龙芯桥片系列，在政企、安全、金融、能源等应用场景得到了广泛的应用。

答案： A

【例题 8】 20GB 的硬盘其容量约为（　　　　）。

    A. 20 亿字节　　　　　　　　　B. 20 亿个二进制位

C．200亿字节　　　　　　　　　　D．200亿个二进制位

分析： 根据换算公式 1GB=1000MB=1000×1024KB=1000×1000×1024B 可知，20GB 的硬盘其容易约为 200 亿字节。

答案： C

【例题9】 下列各存储器中，存取速度最快的一种是（　　　　）。

A．Cache　　　　　　　　　　　B．动态 RAM（DRAM）

C．CDROM　　　　　　　　　　D．硬盘

分析： Cache 即高速缓冲存储器，是位于 CPU 和动态 RAM（DRAM）之间的规模较小但速度很快的存储器，通常由 SRAM 组成。

答案： A

【例题10】 "32 位微机"中的 32 位指的是（　　　　）。

A．微机型号　　　　　　　　　B．内存容量

C．存储单位　　　　　　　　　D．机器字长

分析： 32 位是指机器字长，表示微处理器一次处理二进制代码的位数。

答案： D

1.3　自我测试

1．选择题

（1）计算机的发展方向是微型化、巨型化、多媒体化、智能化和_____。

A．网络化　　　　　　　　　　B．功能化

C．系列化　　　　　　　　　　D．模块化

（2）微型计算机中 1KB 表示的二进制位数为_____。

A．1024　　　　　　　　　　　B．1000

C．8×1024　　　　　　　　　D．8×1000

（3）主频是指计算机中_____的工作频率。

A．主机　　　　　　　　　　　B．CPU

C．前沿总线　　　　　　　　　D．系统总线

（4）一个完整的计算机系统应包括_____。

A．主机和外部设备　　　　　　B．系统硬件和系统软件

C．硬件系统和软件系统　　　　D．主机、键盘、显示器和辅助存储器

（5）计算机软件与硬件的关系是_____。

A．相互依靠、相互支持，形成统一的整体

B．相互独立

C．相互对立

D．以上选项都不正确

（6）下列叙述中，错误的是＿＿＿＿＿＿＿＿。

    A．通常，计算机的存储容量越大，则其性能就越好

    B．计算机的字长一定是字节的整数倍

    C．各种高级语言的编译程序都属于应用软件

    D．多媒体技术具有集成性和交互性等特点

（7）打印机的种类有点阵式打印机、喷墨打印机及＿＿＿＿＿＿＿＿。

    A．非击打式打印机   B．光电打印机

    C．激光打印机   D．击打式打印机

（8）在计算机中，一条指令代码由操作码和＿＿＿＿＿＿＿＿两部分组成。

    A．操作数   B．指令码

    C．控制符   D．运算符

（9）ASCII 码可以表示＿＿＿＿＿＿＿种字符。

    A．255   B．127

    C．256   D．128

（10）下列叙述中，正确的是＿＿＿＿＿＿＿＿。

    A．计算机可以分为台式计算机和便携式计算机

    B．计算机可以分为台式计算机和平板计算机

    C．计算机可以分为便携式计算机和平板计算机

    D．以上选项都正确

（11）硬盘的数据传输率是衡量硬盘速度的一个重要参数，它是指计算机从硬盘中准确找到相应数据并传送到内存储器的速率。硬盘的数据传输率分为内部传输率和外部传输率，其中内部传输是指＿＿＿＿＿＿＿＿的传输率。

    A．硬盘的高速缓存到内存储器   B．CPU 到 Cache

    C．内存储器到 CPU   D．硬盘的磁头到硬盘的高速缓存

（12）在下面的 CPU 指令集中，＿＿＿＿＿＿＿＿是多媒体扩展指令集。

    A．SIMD   B．MMX

    C．3Dnow!   D．SSE

（13）运算器的运算结果主要存储在＿＿＿＿＿＿＿＿中。

    A．指令寄存器   B．存储器

    C．控制器   D．CPU

（14）＿＿＿＿＿＿＿＿决定了计算机可以支持的内存数量、种类、引脚数目。

    A．南桥芯片组   B．北桥芯片组

    C．内存芯片   D．内存颗粒

（15）计算机在工作时会把程序使用频率高的数据和指令存放在＿＿＿＿＿＿＿＿里。

    A．缓存   B．内存

C．一级缓存　　　　　　　　　D．二级缓存

2．填空题

（1）CPU 的外频是 100MHz，倍频是 17，那么 CPU 的工作频率是＿＿＿＿＿＿＿。

（2）＿＿＿＿＿＿＿是构成计算机系统的物质基础，而＿＿＿＿＿＿＿是计算机系统的灵魂，二者相辅相成，缺一不可。

（3）在计算机系统中，CPU 起着主要作用，而在主板系统中，起重要作用的则是主板上的＿＿＿＿＿＿＿。

（4）某主板上有一块"Realtek8201CL 10/100 Mbps"芯片，它是＿＿＿＿＿＿＿芯片。

（5）人们习惯所称的 64 位显卡、128 位显卡和 256 位显卡中的数字是指其相应的＿＿＿＿＿＿＿。

（6）计算机系统由＿＿＿＿＿＿＿和＿＿＿＿＿＿＿两大部分组成。

（7）存储器一般分为内存储器和外存储器。通常，＿＿＿＿＿＿＿是指 CPU 可以访问的存储器，也称主存储器。

（8）控制器和运算器集成在一起，合称＿＿＿＿＿＿＿。

（9）计算机硬件系统可以分为两大部分，即＿＿＿＿＿＿＿和外部设备。

（10）虽然可以向 RAM 写入数据，但这些数据在系统断电后会＿＿＿＿＿＿＿。

（11）内存储器一般采用＿＿＿＿＿＿＿存储单元，包括 RAM、ROM 和 Cache。

（12）在主板芯片组中，＿＿＿＿＿＿＿主要决定了主板支持的 CPU 的种类和主频，以及支持内存储器的种类与最大容量、PCI-E/PCI/AGP 插槽等。

（13）在主板芯片组中，＿＿＿＿＿＿＿主要为通用串行总线、数据传输和高级能源管理等提供支持。

（14）主板上的 Cache 是为了解决＿＿＿＿＿＿＿和＿＿＿＿＿＿＿运行速度的差别而设置的，通常也称二级缓存。

（15）显卡一般由显示器接口、显示芯片、＿＿＿＿＿＿＿、AGP（或 PCI）端口和 Video BIOS 组成。

3．简答题

（1）简述计算机主板的基本组成部分。

（2）简述计算机的存储系统。

（3）名词解释：主频、外频和倍频。

（4）简述计算机系统的组成。

（5）简述计算机的主要性能指标。

（6）简述主板芯片组有哪些功能。

1.4　本模块实训

【实训名称】硬件辨识

【实训任务】

（1）计算机主机主要部件识别，要求能够讲出主要部件的名称，辨识硬件的外观，了解主要工作参数。

（2）计算机主板上主要芯片识别，要求能找到CPU、芯片组、显卡、网卡、声卡等。

（3）请依据手头上的实物类型，根据要求对硬件进行辨识后分别填写表1-4至表1-8。

【实训条件】

准备实物：主板、CPU、内存条、硬盘、显卡、声卡、主要端口连接线等。

【实训步骤】

（1）辨识实训室提供的主板，并填写表1-4。

表1-4　主板的主要性能参数

主板品牌型号	
主板芯片	集成芯片：
	主芯片组：

主板芯片	显示芯片：	
	音频芯片：	
	网卡芯片：	
处理器规格	CPU 类型：	
	CPU 插槽：	
内存规格	内存类型：	
	内存描述：	
存储扩展	PCI-E 标准：	
	PCI-E 插槽：	
	存储接口：	
I/O 接口	USB 接口：	
	视频接口：	
	电源插口：	
	其他接口：	
板型	主板板型：	
	外形尺寸：	
软件管理	BIOS 性能：	
其他参数		

（2）辨识实训室提供的 CPU，并填写表 1-5。

表 1-5　CPU 的主要性能参数

CPU 品牌型号		
基本参数	适用类型：	
	CPU 系列：	
	制作工艺：	
	核心代号：	
	插槽类型：	
	包装形式：	
性能参数	CPU 主频：	
	核心数量：	
	线程数量：	
	三级缓存：	
内存参数	支持最大内存：	
	内存类型：	
	内存描述：	
显卡参数	集成显卡：	
	显卡基本频率：	
	显卡最大动态频率：	
	其他参数：	
技术参数		

（3）辨识实训室提供的内存条，并填写表1-6。

表1-6 内存条的主要性能参数

内存条品牌、型号	
适用类型	
内存容量	
容量描述	
内存类型	
内存主频	
颗粒封装	
插槽类型	
CL延迟	
针脚数	
传输标准	

（4）辨识实训室提供的硬盘，并填写表1-7。

表1-7 硬盘的主要性能参数

基本参数	适用类型： 硬盘尺寸： 硬盘容量： 盘片数量： 单碟容量： 磁头数量： 缓存： 转速： 接口类型： 接口速率：
性能参数	平均寻道读取时间： 写入： 功率运行： 其他性能：
其他参数	产品尺寸： 产品质量： 其他参数：

（5）辨识实训室提供的显卡，并填写表 1-8。

表 1-8 显卡的主要性能参数

显卡品牌	
显卡芯片	
显存容量	
显存位宽	
散热方式	
I/O 接口	
总线接口	
制造工艺	

计算机组装与维护（第 5 版）学习指导与实训

模块 2

计算机硬件安装与调试

2.1 知识要点

本模块概要

本模块主要介绍计算机硬件安装的过程、计算机各配件的安装技巧及注意事项。本模块的内容实践性较强，应多练习、多实践，为后续学习硬件故障的判断和排除打下基础。

【知识点1】计算机硬件安装前的准备工作

表 2-1　计算机硬件安装前的准备工作

工 具 准 备	螺丝刀、尖嘴钳、散热膏、万用多孔型电源插座、数字万用表等
材 料 准 备	CPU、主板、内存条、硬盘、光驱、显卡、声卡、网卡、捆扎线、电源线、音频线
注 意 事 项	释放人体所带静电；禁止带电操作；阅读产品说明书；使用正确的安装方法，不要强行安装；防止液体进入计算机内部

【知识点2】安装计算机硬件系统

图 2-1　安装计算机硬件系统

2.2 典型题解

【例题1】计算机硬件安装完成后，通电前需要检查的具体内容包括（　　　）。

　　A．检查各个电源插头是否已插好

　　B．检查连接驱动器、键盘、鼠标、显示器的电源线、数据线是否已连接好

C．检查电源线与信号线是否已被分类捆扎并已避开散热器及散热器风扇的出风口

D．以上都是

分析： 计算机硬件安装完成后，通电前需要检查的具体内容包括：检查主板上是否有掉落的螺钉或其他杂物，主板的固定是否到位，内存条及各种板卡是否安装到位，各类接口的连接线是否安装正确；检查驱动器、键盘、鼠标、显示器的电源线、数据线是否已连接好；检查电源线与信号线是否已分类捆扎并已避开散热器及散热器风扇的出风口；通电前进行电荷释放；检查各个电源插头是否已插好。

答案： D

【例题 2】 安装计算机硬件大体可分为四个步骤，下列步骤顺序中正确的是（　　　）。

A．硬件安装→硬盘分区→格式化硬盘→安装操作系统

B．硬件安装→格式化硬盘→硬盘分区→安装操作系统

C．硬件安装→格式化硬盘→安装操作系统→硬盘分区

D．格式化硬盘→硬件安装→硬盘分区→安装操作系统

分析： 安装计算机硬件时首先需要完成硬件的安装，包括机箱的安装，以及主板、CPU、内存条、显卡、声卡等的安装。给计算机通电后，若显示器能够正常显示，则表明初装已经完成，然后进入 BIOS 进行系统初始设置，再进行硬盘分区和格式化硬盘，最后安装操作系统。

答案： A

【例题 3】 安装计算机硬件的正确顺序是（　　　）。

A．安装各种板卡（包括显卡、声卡、网卡）→安装 CPU、内存条→安装主板→安装机箱电源→连接机箱与主板间的连线→给计算机通电并进行测试

B．连接机箱与主板间的连线→安装机箱电源→安装 CPU、内存条→安装主板→安装各种板卡（包括显卡、声卡、网卡）→给计算机通电并进行测试

C．安装机箱电源→安装 CPU、内存条→安装主板→安装各种板卡（包括显卡、声卡、网卡）→连接机箱与主板间的连线→给计算机通电并进行测试

D．连接机箱与主板间的连线→安装CPU、内存条→安装主板→安装各种板卡（包括显卡、声卡、网卡）→安装机箱电源→给计算机通电并进行测试

分析： 安装计算机硬件的顺序如下：安装机箱电源→安装 CPU 及其散热器风扇→安装内存条→安装主板→安装驱动器→安装各种板卡（包括显卡、声卡、网卡）→连接机箱与主板间的连线→安装输入设备及输出设备→重新检查各个接线，准备进行测试→给计算机通电，进行测试。

答案： C

2.3　自我测试

1. 选择题

（1）以下关于拆机顺序的叙述中，错误的是＿＿＿＿＿＿。

A．先外后内

B．如有其他部件遮挡，应首先拆除其他部件

C．先部件后连接线

D．部件拆机顺序正好与安装顺序相反

（2）以下关于电源拆装规范的说法中，正确的是_____。

A．使用捆扎线整理连线，使所有连线都远离 CPU 散热器风扇、系统风扇等，以避免产生干扰

B．用螺钉将电源固定于机箱后部，电源一定要装配到位

C．检查电压设置开关是否在正确的挡位，并用胶条固定好

D．以上都对

（3）以下关于线缆拆装规范的说法中，正确的是_____。

A．走线要合理　　　　　　　B．不压迫线缆

C．捆扎美观，不影响风道　　D．以上都对

（4）按住主机电源开关以释放残余电荷，一般是指释放_____上的电荷。

A．显卡　　　　　　　　　　B．硬盘

C．主板　　　　　　　　　　D．内存条

（5）目前，常用于个人计算机且无须进行主从设置的硬盘接口是_____。

A．IDE　　　　　　　　　　B．SATA

C．PATA　　　　　　　　　D．SCSI

（6）防静电布不接地就_____提供防静电保护。

A．不能　　　　　　　　　　B．能

（7）计算机维修人员拆机时_____搭建防静电环境。

A．必须　　　　　　　　　　B．不必

C．看情况决定是否需要

（8）以下关于主板拆装维修规范的说法中，错误的是_____。

A．应注意检查主板上的 BIOS 设置

B．应注意检查主板是否有非损

C．需进行硬件最小化测试，以避免其他部件的干涉

D．跳线默认是正确的，无须检查，直接更换主板即可

（9）拆卸台式计算机内部捆扎线时可以使用的工具是_____。

A．刀　　　　　　　　　　　B．镊子

C．斜口钳　　　　　　　　　D．尖嘴钳

（10）用户为便携式计算机重装系统后，触控板的多点触控功能失效了，此时的处理方法应为_____。

A．安装的系统是盗版的，建议安装 OEM 系统

B．安装的驱动程序不完整，建议下载并安装官网提供的触控板驱动

C．BIOS 对系统支持兼容性不好，建议升级 BIOS 程序

D．以上说法都有可能

（11）按照微处理器的字长可以分为_____。

A．单片机、单板机、多芯片机、多板机

B．8 位机、16 位机、32 位机、64 位机

C．286 机、386 机、486 机、Pentium 机

D．Intel 处理器、AMD 处理器、Cyrix 处理器

（12）硬盘的主要接口方式有 IDE、EIDE 及_____等。

A．HDC   B．HDD

C．SCSI   D．ALT

（13）一般来讲，整个主板的固定螺钉不应少于_____个。

A．2   B．4

C．6   D．8

（14）现在主板上的内存插槽一般都有 2 个以上，如果不能插满，则一般优先插在靠近_____的插槽中。

A．CPU   B．显卡

C．声卡   D．网卡

（15）通常，根据所传递的内容不同，可将系统总线分为 3 类：数据总线、地址总线和_____。

A．控制总线   B．内部总线

C．I/O总线   D．系统总线

2．填空题

（1）PCI 扩展槽一般为_____色；PCI 总线的标准频率为_____。

（2）POST 的意思是_____。

（3）新硬盘在使用之前要经过_____和_____。

（4）市面上常见的 BIOS 的种类有_____。

（5）硬盘分区格式有_____。

（6）在安装计算机的硬件前，应该释放手上的_____。

（7）系统总线是 CPU 与其他部件之间传送数据、地址等信息的公共通道。根据传送内容的不同，可分为_____总线、_____总线和_____总线。

（8）在 AGP（Accelerated Graphics Port）插槽上插的是_____。

（9）给 CPU 加装散热器和散热器风扇的主要目的是＿＿＿＿＿＿＿。

（10）在机箱前面板的信号线中，HDD LED 是指＿＿＿＿＿＿，RESET 是指＿＿＿＿＿。

（11）主板上的 1 个 IDE 接口可以连接 2 个 IDE 硬盘，其中一个称为＿＿＿＿＿＿硬盘，另一个称为＿＿＿＿＿＿硬盘。

（12）主板与 CPU 的匹配实际上是指主板上的＿＿＿＿＿＿和 CPU 之间的匹配。

（13）在购买内存储器时要注意以下几点：＿＿＿＿＿＿、存取时间、引脚数、品牌。

（14）在选择硬盘时，＿＿＿＿＿＿、容量、速度、噪声都是重要的参考参数。

（15）主板在安装到机箱之前，一般要首先把＿＿＿＿＿＿和＿＿＿＿＿＿安装上去，并要检查跳线的设置。

3．简答题

（1）简述选择计算机硬件的一般流程。

（2）简述在选择主板时要注意什么。

（3）简述安装计算机硬件时有哪些注意事项。

（4）简述计算机硬件的安装流程。

（5）简述在安装计算机硬件之前要做好哪些准备。

（6）简述调试计算机的一般思路。

2.4　本模块实训

【实训名称】计算机硬件安装与调试

【实训任务】

（1）掌握常见安装与调试工具的使用方法。

（2）熟悉计算机硬件安装与调试规范，掌握常见计算机硬件安装与调试方法。

【实训条件】

（1）计算机安装与调试工具1套。

（2）标准防静电安装与调试工作环境。

（3）计算机1台。

【实训步骤】

利用现有计算机进行安装与调试练习，并按照安装与调试规范填写表2-2。

表 2-2　计算机硬件安装与调试实训评分表

姓名：_____ 组别：_____ 开始时间：_____ 结束时间：_____ 考试时间：_____分钟				
评分项目	序号	评 分 标 准	完成情况	合计扣分
基本安装与调试规范及验机考核	1	安装与调试前验机操作。在进行安装与调试前，须进行安装与调试前的验机操作，如故障现象复现、外观检查等		
	2	基本安装与调试工具准备，如大、小十字螺丝刀，贴保护膜时用的一字螺丝刀、螺钉盒、防静电手环、屏幕保护套、防静电布等		
	3	安装与调试工具摆放原则。要求所有工具在安装与调试前按照易取放的原则整齐摆放，且在使用完毕后放回原处		
	4	功能部件摆放原则。要求所有已拆卸下来的功能部件、机壳等整齐、方向一致地摆放在空间足够的桌面上。各部件不可叠放，且功能性部件须放置在防静电布上		
	5	螺钉分类原则。已拆卸下的螺钉应按照规格尺寸，在螺钉盒内分格存放		
	6	切断电源操作原则。在安装与调试前，须断开供电电源（含适配器和电池电源）。移除电源后，按电源开关3～5下，等待数秒后，再行操作		
	7	螺钉安装与调试规范。要求按照螺钉分类的原则（含尺寸、颜色）正确复原到原机，不可错装或漏装		
	8	液晶显示屏保护措施。在计算机的安装过程中，LCD 面板须始终套在液晶保护套内。要杜绝重压或划伤屏幕的表面。（注意：在安装与调试计算机底部螺钉时不建议带保护套，因为保护套较厚，若拧紧螺钉时用力过大则易造成屏壳变形。考评者按照实际情况进行评定。）		
	9	整体作业规范检验，包含如何采用正确插拔、连线的方法，螺丝刀持握的姿势，大、小螺丝刀使用场合，静电手环是否佩戴到位等。考评者按照实际情况进行评定		

评分项目	序号	评分标准	完成情况	合计扣分
基本安装与调试规范及验机考核	10	市电检测规范检验，包含如何正确使用万用表工具、检测市电、检测电源是否到位等		
	11	安装与调试完毕验机操作。采用联想"金钥匙"测试软件，对计算机主机各功能及端口进行验机演示。具体测试要求，请参考《联想金钥匙测试程序验机规范》		
以上操作每项 15 分。针对以上操作有不合格的项目，每项扣 15 分				
关键操作要领考核	1	市电检测环节熟练准确，包含正确使用万用表工具、检测市电、检测电源是否到位等		
		无带电操作。在计算机的安装与调试过程中，没有出现带电操作的情形（裸板最小化测试除外）。在整个安装与调试过程中，佩戴静电手环作业		
		无新"非损"产生。在计算机的安装与调试过程中，没有出现新的部件损坏、划伤等"非损"故障		
		无安装异常。所有功能、机构部件都安装到位，没有出现翘起、变形、漏装、错装等现象；整体安装与调试顺序正确		
		无新故障出现。在计算机的安装与调试过程中，没有出现新的功能性故障，如"通电后无显示"等故障		
		无超时。安装与调试共计用时少于 45 分钟		
	2	对计算机外围接口熟悉（对各外部接口的认识，要知道是输入接口还是输出接口。）		
以上操作每项 50 分。针对以上操作有不合格的项目，每项扣 50 分				
针对以上项目有未成功完成或未完成的，扣 50 分				

实训考核结果：　□ 通过　□ 不通过

017

模块 3

•••• BIOS 基本设置

3.1 知识要点

本模块概要

本模块主要介绍 BIOS、CMOS 的基础知识，要求学会利用 BIOS 设置程序对 CMOS 参数进行设置；了解计算机开机的自检过程；能够利用开机时的自检信息分析计算机硬件系统的基本配置。

【知识点 1】BIOS 基础知识

表 3-1　BIOS 基础知识

含　义	只读存储器基本输入/输出系统的简称，实际上是被固化在计算机中主板上只读存储器（Flash ROM 芯片）中的程序，为计算机提供最低级、最直接的硬件控制
功　能	中断服务程序：实现程序软件功能与计算机硬件之间的衔接
	系统设置程序：保存系统基本信息，开机时按下某个键可进入设置状态
	POST 加电自检：对内部各设备进行检查
	系统启动自检程序：按照 CMOS 设置中保存的启动顺序信息有效地启动，读取操作系统引导记录，按照引导记录完成系统的顺序启动

【知识点 2】CMOS 与 BIOS 的区别

表 3-2　CMOS 与 BIOS 的区别

CMOS	BIOS
计算机主板上的一块可读/写的 RAM 芯片	一组固化在主板上只读存储器 Flash ROM 芯片中的管理计算机基本硬件的程序
存储计算机系统的实时时钟信息和硬件配置信息等	为计算机提供最低级、最直接的硬件控制
设置参数的存放场所	读取 CMOS 中的信息，初始化计算机各部件的状态

3.2 典型题解

【例题 1】能够直接与 CPU 交换信息的存储器是（　　）。

    A．硬盘存储器   B．CDROM

    C．内存储器   D．U 盘存储器

分析：内存储器是计算机主机的一个组成部分，它能够与 CPU 直接进行信息交换；而外存储器不能与 CPU 直接进行信息交换，CPU 只能直接读取内存储器中的数据。

答案：C

【例题 2】当关闭计算机的电源后，下列关于存储器的说法中，正确的是（　　）。

    A．存储在 RAM 中的数据不会丢失

    B．存储在 ROM 中的数据不会丢失

    C．存储在 U 盘中的数据会全部丢失

    D．存储在硬盘中的数据会全部丢失

分析：当计算机断电后，ROM 中的信息不会丢失，当为计算机重新接通电源后，ROM 中的信息保持不变，仍可被读出。ROM 适宜存放计算机启动的引导程序、启动后的检测程序、系统最基本的输入/输出程序、时钟控制程序,以及计算机的系统配置和硬盘参数等重要信息。

答案：B

【例题 3】计算机的开机自检是在（　　）中完成的。

    A．CMOS   B．CPU

    C．BIOS   D．内存

分析：开机自检是指计算机系统在接通电源后，BIOS 程序对 CPU、系统主板、基本内存、扩展内存、系统 ROM BIOS 等器件的测试，如发现错误，将向操作者提供提示信息或警告信息。

答案：C

3.3 自我测试

1. 选择题

（1）BIOS 的服务功能是通过＿＿＿＿＿＿来实现的，这些服务分为很多组，每个组都有一个专门的中断。

    A．调用中断服务程序   B．调用 CMOS

    C．调用硬盘   D．调用 CPU

（2）Award BIOS 自检响铃为 1 长 2 短时，表示＿＿＿＿＿＿。

019

A. 系统正常启动   B. 电源有问题

C. 内存条未插好   D. 显示器或显示卡有错误

（3）AMI BIOS 自检响铃为 1 短时，表示＿＿＿＿＿＿＿＿＿。

A. 内存刷新失败   B. 系统时钟出错

C. 内存条未插好   D. 显示器或显示卡有错误

（4）以 Phoenix-Award BIOS 为例，主菜单中的 "Set Supervisor Password" 的含义是
＿＿＿＿＿＿＿＿＿。

A. 设置普通用户密码   B. 高级 BIOS 功能设置

C. 设置超级用户密码   D. 高级芯片组功能设置

（5）EC 芯片是便携式计算机的内置＿＿＿＿＿＿＿＿＿，也称 KBC。

A. 电源模块   B. 媒体控制开关

C. 键盘控制器   D. 状态指示灯

（6）目前大多数计算机开机后，在一般情况下，若要使用 BIOS 对 CMOS 参数进行设置，
则按下的键是＿＿＿＿＿＿＿＿＿。

A. Ctrl   B. Shift

C. 空格   D. Delete

（7）随机存取存储器（RAM）的最大特点是＿＿＿＿＿＿＿＿＿。

A. 存储量极大，属于海量存储器

B. 存储在其上的信息可以永久保存

C. 一旦断电，存储在其上的信息将全部丢失，且无法恢复

D. 在计算机中只能用来存储数据

（8）在常见的 BIOS 报警信息中，＿＿＿＿＿＿＿＿＿表示硬盘没有格式化，需要对硬盘分区
进行格式化。

A. Missing operation system

B. No Partition Bootable

C. Non-system disk or disk error

D. No ROM BASIC

（9）我们通常说的 "BIOS" 设置或 "CMOS" 设置的完整说法是＿＿＿＿＿＿＿＿＿。

A. 利用 BIOS 设置程序对 CMOS 参数进行设置

B. 利用 CMOS 设置程序对 BIOS 参数进行设置

C. 利用 CMOS 设置程序对 CMOS 参数进行设置

D. 利用 BIOS 设置程序对 BIOS 参数进行设置

（10）BIOS 参数设置程序保存在＿＿＿＿＿＿＿＿＿中。

A. HDD   B. 内存

C. ROM BIOS   D. CMOS RAM

（11）计算机开机后，首先进行设备检测，称为_____。

    A．启动系统   B．设备检测

    C．开机自检   D．系统自检

（12）导出的注册表文件的扩展名是_____。

    A．SYS   B．REG

    C．TXT   D．BAT

（13）使用硬盘 Cache 的目的是_____。

    A．增加硬盘容量

    B．提高硬盘读/写信息的速度

    C．实现动态信息存储

    D．实现静态信息存储

（14）为了打开注册表编辑器，我们需要在运行栏中输入_____。

    A．msconfig   B．winipcfg

    C．regedit   D．cmd

（15）清空主板上的 CMOS 后仍无法解决的问题有_____。

    A．清空硬盘密码   B．清空主板 BIOS 密码

    C．还原出厂设置   D．清空开机密码

2．填空题

（1）目前在主流主板上的 BIOS 芯片通常为_____芯片。

（2）BIOS 是用来控制主板的一些最基本的_____和_____的。

（3）BIOS 主要有三个品牌：_____、AMI BIOS 及 Phoenix BIOS。

（4）BIOS 是 Basic I/O System 的简称，BIOS 控制着主板的一些最基本的输入和输出。另外，BIOS 还要完成计算机开机时的自检，通常称为_____。

（5）硬盘生产厂商生产的硬盘必须经过低级格式化、_____和高级格式化三个处理步骤后才能使用。

（6）在常见的 BIOS 报警信息中，Memory test fail 表示_____。

（7）在常见的 BIOS 报警信息中，Keyboard error or no Keyboard present 表示_____。

（8）内存储器的速度、容量、电压、带宽等参数信息记录在 SPD 芯片中，开机时_____自动读取其中信息。

（9）设置 Quick_Power_Self_Test（快速开机自检）为_____状态时，可以加速计算机的启动。

（10）计算机启动过程中，如果硬件发生故障，计算机的蜂鸣器就会发出不同的报警声，通过_____的自检响铃可以判断一些基本的硬件故障。

（11）EC 是＿＿＿＿＿＿＿＿的简称，或称电源管理芯片，是一个 16 位的单片机，是便携式计算机独有的用来进行电源管理和键盘控制的功能芯片。

（12）CMOS 设置不当时，提示"Secondary slave hard fail"信息，其含义是＿＿＿＿＿＿。

（13）＿＿＿＿＿＿＿＿是计算机系统启动及进入 BIOS 的设置程序的密码。

（14）利用＿＿＿＿＿＿＿＿密码只能用于进入系统，但无权修改 BIOS 设置程序。

（15）Award BIOS 自检响铃为 3 短时，其含义是＿＿＿＿＿＿。

3. 简答题

（1）名词解释：BIOS。

（2）简述 BIOS 的基本功能。

（3）简述 BIOS 与 CMOS 有何区别、有何联系。

（4）简述如果操作者忘记 BIOS 中设置的密码，应如何操作。

（5）简述 POST 加电自检过程。

（6）简述 BIOS 程序、BIOS 芯片与 BIOS Setup 程序三者的区别。

3.4 本模块实训

【**实训名称**】BIOS 设置方法

【**实训任务**】

（1）了解 BIOS 的主要功能。

（2）掌握 BIOS 设置方法。

【**实训条件**】

每人一台可运行的计算机。

【**实训步骤**】

（1）进入 BIOS 设置程序。

（2）根据 BIOS 主菜单，填写表 3-3。

表 3-3　BIOS 设置方法

实训子项目	内　　容	
BIOS 厂商		
进入 BIOS 设置程序的快捷键		
主菜单主要内容	菜单名称	含义
	1.	
	2.	
	3.	
	4.	
	……	……
设置密码		
载入最优化默认值		
载入 BIOS 最安全的默认值		
保存对 CMOS 的修改，然后退出 Setup 程序		
放弃对 CMOS 的修改，然后退出 Setup 程序		

模块 4

•••• 软件安装与调试

4.1 知识要点

本模块概要

本模块介绍硬盘分区类型、分区格式，硬盘低级格式化、硬盘高级格式化的操作方法，Windows 7 操作系统的安装，驱动程序的备份与还原（重点为硬盘分区动态管理），常用分区软件操作方法，以及操作系统和程序驱动的恢复操作。

【知识点 1】认识硬盘分区

表 4-1　认识硬盘分区

认识硬盘分区与格式化操作	认识低级格式化
	认识分区
	认识高级格式化
硬盘分区	确定准备创建的分区类型采用 MBR 分区表，还是 GPT 分区表模式
	分区格式
	分区操作方法

【知识点 2】硬盘分区管理

表 4-2　硬盘分区管理

PM（PartitionMagic） ——硬盘分区工具软件	查看分区情况
	创建新分区
	调整现有分区的容量
	合并分区
	格式化分区
Windows 7 的硬盘管理	控制面板→系统和安全→管理工具→创建并格式化硬盘分区

【知识点3】安装操作系统

表4-3　安装操作系统

安装操作系统	认识主流操作系统
	安装 Windows 7 操作系统
	Windows 7 操作系统升级至 Windows 10 操作系统

【知识点4】系统的备份与还原

表4-4　系统的备份与还原

驱动程序的备份与还原	驱动程序的备份
	驱动程序的还原
	驱动程序的卸载
操作系统的备份与恢复	Windows 7 操作系统的备份与还原方法
	使用 GHOST 软件对系统分区进行备份和恢复

4.2　典型题解

【例题1】 Windows 7 操作系统的还原方法。

分析： 通过系统还原可以将计算机的系统文件及时还原到早期的系统还原点。利用此方法可以在不影响个人文件的情况下，撤销对计算机进行的系统更改。当安装好 Windows 7 操作系统后，就应为该操作系统创建一个系统还原点，以便将 Windows 7 操作系统的"干净"的运行状态保存下来，当操作系统遇到错误不能正常运行时可使用系统还原点进行还原。

解答：

（1）创建系统还原点。

打开"系统属性"设置窗口，单击"系统保护"按钮，选择 Windows 7 操作系统所在的硬盘分区选项，单击"配置"按钮，选择"还原系统设置和以前版本的文件"选项，再单击"确定"按钮返回"系统保护"标签设置页面，单击"创建"按钮，成功创建系统还原点。

（2）系统还原。

当操作系统遇到错误不能正常运行时，打开"系统保护"标签设置页面，单击"系统还原"按钮，根据需要选择已创建的系统还原点，即可完成系统还原。

【例题2】 使用 GHOST 软件对系统分区进行备份。

分析： GHOST 软件具有强大的数据备份功能，是以硬盘的扇区为单位进行备份的。该软件可以将一个硬盘的物理信息完整地进行复制，而不仅是对数据的简单复制。GHOST 软件可以将分区或硬盘上的内容直接备份到一个扩展名为 gho 的镜像文件中。

解答： 运行 GHOST 软件→选择把分区内容备份为映像文件→选择源分区→选择镜像文

件存放目标盘→选择是否高压缩镜像文件→生成镜像文件。

【例题3】使用GHOST软件恢复系统分区。

分析：针对系统分区进行恢复操作时，一定要区分源分区与目标分区，切记不要选错分区，否则将导致数据丢失，从而造成严重后果。

解答：运行GHOST软件→选择将备份的映像文件复制到分区→选择源分区→选择目标驱动器的目标分区→恢复分区。

4.3 自我测试

1. 选择题

（1）硬盘的低级格式化又称硬盘的_____格式化或低格，其主要目的是划分磁道、建立扇区数和选择扇区的间隔比，即为每个扇区标注物理地址和扇区头标志，并以硬盘能够识别的方式进行编码。

    A．物理   B．化学

    C．快速   D．常规

（2）在操作系统进行硬盘数据管理时，并不是直接使用物理扇区进行分配的，而是用一个数字来表示分配的扇区，这个数字称为_____扇区数。

    A．虚拟   B．标识

    C．逻辑   D．物理

（3）_____是操作系统进行文件数据读/写操作的最小单位。

    A．簇   B．柱面

    C．磁头   D．扇区

（4）_____是硬盘进行数据存储的最小单位。

    A．簇   B．柱面

    C．磁头   D．扇区

（5）若要开启某分区的系统还原功能，则需将该分区的状态设置为_____。

    A．监视   B．已关闭

    C．还原   D．恢复

（6）驱动程序的备份不是对原有的驱动盘进行备份，而是直接从_____中提取已经安装好的驱动程序进行备份。

    A．操作系统   B．应用程序

    C．配置文件   D．系统文件

（7）使用驱动精灵的_____功能，可以实现驱动程序的卸载，同时也能实现驱动程序的更新。

A．备份还原　　　　　　　B．标准模式

C．驱动微调　　　　　　　D．系统补丁

（8）Windows 7操作系统自身具备系统备份与还原功能，＿＿＿＿＿＿＿＿标签设置页面中有"系统还原"按钮。

A．计算机名　　　　　　　B．系统保护

C．高级　　　　　　　　　D．硬件

（9）在Windows 7操作系统"系统保护"标签设置页面中，＿＿＿＿＿＿＿＿不是"配置"选项所具备的功能。

A．还原系统设置　　　　　B．硬盘空间使用量设置

C．删除还原点　　　　　　D．创建还原点

（10）在Windows 7操作系统中完成本地硬盘的保护操作时，只想对Windows 7操作系统的安装分区进行还原，则必须选择＿＿＿＿＿＿＿＿＿＿＿。

A．还原系统设置和以前版本的文件

B．仅还原以前版本的文件

C．关闭系统保护

D．开启系统保护

（11）GHOST软件支持FAT16、FAT32、NTFS等多种分区格式硬盘的备份与还原，＿＿＿＿＿＿＿＿不是其具备的功能。

A．硬盘对硬盘复制（Disk To Disk）

B．把硬盘上的所有内容备份为映像文件（Disk To Image）

C．从备份的映像文件形成新的映像（Image From Image）

D．分区对分区复制（Partition To Partition）

（12）＿＿＿＿＿＿＿＿命令具有打开"磁盘管理"窗口的功能。

A．diskmgmt.msc　　　　　B．list disk

C．diskpart　　　　　　　 D．cmd

（13）驱动程序的作用是对＿＿＿＿＿＿＿＿不能支持的各种硬件设备进行解释，使计算机能够识别这些硬件设备并保证它们的正常运行。

A．操作系统　　　　　　　B．BIOS

C．主板　　　　　　　　　D．内存

（14）Windows的驱动程序大多保存在＿＿＿＿＿＿＿＿文件夹里面，这个文件夹是隐藏的。

A．debug　　　　　　　　 B．Logs

C．Vss　　　　　　　　　　D．INF

（15）DirectX是微软公司嵌入在操作系统中的应用程序接口（API），DirectX由显示部分、声音部分、输入部分和＿＿＿＿＿＿＿＿部分四部分组成。

A．网络   B．存储

C．输出   D．控制

2．填空题

（1）硬盘物理扇区是指用_____、_____、_____三个参数来表示的硬盘的某一区域，用这种方法标识的硬盘扇区称为物理扇区。

（2）_____是硬盘进行数据存储的最小单位，_____是操作系统进行文件数据读/写操作的最小单位。

（3）硬盘的格式化有两种类型：一种是_____；另一种是_____。一般对硬盘进行格式化的顺序是：_____。

（4）硬盘分区表有_____分区表和_____分区表两种模式。

（5）采用 MBR 分区表模式的硬盘有三种分区类型，分别是_____、_____和_____。一个硬盘主分区至少有____个，最多可以有____个，扩展分区可以没有，最多可以有____个，且主分区+扩展分区总共不能超过_____个，逻辑分区可以有若干个。

（6）硬盘的容量等于_____的容量+_____的容量；扩展分区的容量等于各个_____的容量之和。

（7）硬盘常用的分区格式有_____、_____和_____。

（8）驱动程序的备份不是对原有的驱动盘进行备份，而是直接从_____中读取已经安装好的驱动程序进行备份。

（9）_____可以将计算机的系统文件及时还原到早期的还原点。此方法可以在不影响个人文件的情况下，撤销对计算机所进行的系统更改。

（10）GHOST 软件支持多种分区格式硬盘的备份与还原，具有如下功能：硬盘对硬盘复制、把硬盘上的所有内容备份为映像文件、从备份的映像文件复原到硬盘、分区对分区复制、_____。

（11）驱动程序的作用是对_____不能支持的各种硬件设备进行解释，使计算机能够_____这些硬件设备并保证它们的正常运行。

（12）安装完操作系统后，首先应安装_____，以确保操作系统和驱动程序的无缝结合。

（13）对于出现较多坏道的硬盘，用户做低级格式化的主要目的是_____硬盘，标记坏磁道，防止以后向坏磁道_____信息。

（14）在传统 MBR 硬盘分区模式中，引导扇区是_____的第一扇区，而主引导扇区是_____的第一扇区。

（15）GPT 分区表类型的硬盘在原则上不受分区个数的限制，但在 Windows 环境中设置 GPT 硬盘最大分区数量为_____个，最多支持_____个硬盘。

3. 简答题

（1）简述硬盘的低级格式化的目的。

（2）简述硬盘分区的作用。

（3）简述采用 MBR 分区表模式的硬盘分区类型。

（4）简述 GHOST 软件具有哪些功能。

（5）简述使用 GHOST 软件对系统分区进行备份时的操作步骤。

（6）简述使用 GHOST 软件恢复系统分区时的操作步骤。

4.4　本模块实训

【实训名称】Windows 7 操作系统安装及升级

【实训任务】

（1）了解 Windows 7 操作系统安装前的注意事项。

（2）掌握 Windows 7 操作系统安装步骤。

（3）掌握将 Windows 7 操作系统升级至 Windows 10 操作系统的操作步骤。

【实训条件】

（1）每人一台计算机、一个系统安装盘（光盘或 U 盘）。

不同的硬件配置、不同的使用要求等对操作系统的要求也不同，选择操作系统时既要考虑不同操作系统对硬件的要求，又要从实际出发。

（2）找到并记录安装文件的安装序列号。

（3）对硬盘上的重要数据进行备份（若是新硬盘可省略此步骤）。

（4）准备相关设备的驱动程序，包括主板、显卡、网卡、声卡等设备的驱动程序。

（5）确保系统安装盘（光盘或 U 盘）能够正确引导。

【实训步骤】

（1）安装 Windows 7 操作系统。

① 使用系统安装盘启动计算机。

② 选择安装类型。

③ 确定安装位置，利用上（↑）键或下（↓）键选择合适的分区，选择前务必确定要安装系统的盘（分区）上没有重要数据，若存有重要数据，则应进行数据备份。

④ 系统安装正式开始，在此过程中计算机会自动重启，重启以后将继续安装。请不要做任何操作，系统会自动完成安装过程。

⑤ 出现 Windows 7 操作系统的启动画面，安装程序会自动检查系统配置、性能，这个过程会持续 10 分钟。

⑥ 重启并进行设置后，输入用户名和计算机名称，单击"下一步"按钮。

⑦ 输入用户密码及产品密钥。

⑧ 设置区域和时间。

（2）Windows 7 操作系统升级至 Windows 10 操作系统。

① 下载并运行 Windows 10 操作系统官方升级更新工具，利用升级工具检测计算机运行环境是否正常，检测完成后开始下载 Windows 10 操作系统。

② 通过官方升级工具升级 Windows 10 操作系统时会保留原有操作系统中的数据及用户文件，下载完成后会验证下载的数据是否正确，验证无误后进行下一步升级操作。启动 Windows 10 操作系统升级软件，为确保能够正确升级 Windows 10 操作系统，系统会进行计算机硬件的再次检测，检测无误后开始安装过程。

③ 以上步骤完成后系统提示用户重启计算机。

④ 进入系统设置界面，对升级后的 Windows 10 操作系统进行设置。

模块 5

数据安全存储与恢复

5.1 知识要点

 本模块概要

　　本模块介绍硬盘数据丢失的故障类型、硬盘数据丢失的原因、硬盘数据恢复的层次和处理方法、硬盘软件类型故障的数据恢复原理，需要重点掌握常用工具软件的使用方法，以及计算机病毒的分类、诊断及清除方法。

【知识点 1】硬盘数据恢复

表 5-1　硬盘数据恢复概述

硬盘数据丢失的故障类型	软件类型故障
	硬件类型故障
硬盘数据恢复的层次和处理方法	完全低级格式化后的数据恢复
	主轴电机损坏故障的数据恢复
	磁头组件损坏故障的数据恢复
	硬盘软件类型故障的数据恢复
	硬盘固件区损坏和电路板损坏故障的数据恢复

【知识点 2】硬盘数据的恢复方法与常用工具软件

表 5-2　硬盘数据的恢复方法与常用工具软件

误删除数据的恢复	使用 FINALDATA 软件恢复数据
	使用 WinHex 软件恢复数据
误格式化数据的恢复	使用 EasyRecovery 软件恢复数据
误分区数据的恢复	使用 DiskGenius 软件恢复数据及分区表

【知识点3】计算机病毒的危害

表5-3　计算机病毒的危害

计算机病毒的危害	破坏计算机内存
	破坏文件
	降低计算机运行速度
	影响操作系统正常运行
	破坏硬盘
	破坏系统数据区

【知识点4】计算机病毒的特点

表5-4　计算机病毒的特点

计算机病毒的特点	寄生性
	传染性
	潜伏性
	隐蔽性
	破坏性
	可触发性

【知识点5】计算机病毒的诊断与清除

表5-5　计算机病毒的诊断与清除

计算机病毒的诊断	检查是否有异常的进程
	查看系统当前启动的服务是否正常
	在注册表中查找异常启动项
	用浏览器进行上网判断
	查看所有系统文件和隐藏文件，以判断是否存在隐藏的病毒文件
	根据杀毒软件能否正常运行来判断计算机是否中毒
	非驻留型病毒的诊断
计算机病毒的清除	将杀毒软件升级至最新版本，并进行全硬盘杀毒
	如果杀毒软件不能清除病毒，或者重启计算机后病毒再次出现，则应进入安全模式进行查杀
	有些病毒会造成杀毒软件无法启动，此时需要根据现象判断病毒的种类，并使用相应的专杀工具进行查杀
	如果病毒非常顽固，使用多种方法都不能彻底查杀，则最好格式化硬盘并重装系统
	有个别病毒在重装系统后仍无法彻底清除，则需要对硬盘进行重新分区或进行格式化处理
常见计算机病毒	"蠕虫"型病毒
	寄生型病毒
	诡秘型病毒
	变型病毒（又称幽灵病毒）

5.2 典型题解

【例题 1】如何判断硬盘是否出现了硬件类型故障？

分析：硬盘的硬件类型故障主要包括盘片划伤、磁头变形、磁臂断裂、磁头组件损坏、主轴电机损坏、硬盘电路板或其他元器件损坏、硬盘固件区损坏、硬盘有坏道等。

解答：硬件类型故障一般表现为系统找不到硬盘，常有一种"咔嚓咔嚓"的磁头撞击声或电机不转、加电后无任何声音、磁头定位不准造成读/写错误等故障现象。硬件类型故障可主要可从如下几方面加以判断。

（1）开机时，系统没有找到硬盘，同时也没有任何错误提示。

（2）系统启动时间特别长；读取某个文件、运行某个软件时经常出错；要经过很长时间才能操作成功，其间硬盘不断读盘并发出刺耳的杂音。

（3）经常出现系统瘫痪或死机、蓝屏等现象。

（4）开机时系统不能通过硬盘引导启动，用系统盘启动后虽然可以出现硬盘盘符但无法进入系统。

（5）计算机一直能够正常使用，但硬盘在正常使用过程中出现异响。

【例题 2】如何使用 FINALDATA 软件实现数据的恢复？

分析：删除文件只是把文件的地址信息从文件分配表和根目录表中删除，而文件的数据本身还保存在原来的扇区中，除非用新的数据覆盖那些扇区。FINALDATA 软件的使用方法非常简单，它可以实现恢复数据、主引导程序（MBR）、引导扇区、FAT 表等功能。

解答：第一步，选择硬盘。选择"文件→打开"命令，或者单击工具栏上的"打开"按钮，在"选择驱动器"对话框中选择文件所在硬盘。第二步，扫描硬盘。当选择要恢复文件所在的硬盘后，FINALDATA 软件会自动扫描。第三步，恢复文件。当所选整个硬盘被扫描完成后，硬盘中的所有文件都将被列在右侧的操作区域，其中文件前带"#"号的就是已经被删除的文件。选择要恢复的文件后，单击"保存"按钮即完成恢复。

【例题 3】计算机病毒有哪些特点？

分析：计算机病毒是指单独编制的或在计算机程序中插入的，能够破坏计算机功能，或者破坏数据、影响计算机使用，并且能够自我复制的一组计算机指令或程序代码。

解答：

计算机病毒的特点如下：

（1）寄生性；

（2）传染性；

（3）潜伏性；

（4）隐蔽性；

（5）破坏性；

（6）可触发性。

5.3 自我测试

1. 选择题

（1）硬盘数据丢失的故障类型可分为两种，即软件类型故障和硬件类型故障，_____不属于软件类型故障。

    A．受病毒感染

    B．误格式化或误分区

    C．物理零磁道或逻辑零磁道损坏

    D．磁头变形

（2）硬盘数据丢失的故障类型可分为两种，即软件类型故障和硬件类型故障，_____不属于硬件类型故障。

    A．盘片划伤

    B．磁臂断裂

    C．物理零磁道或逻辑零磁道损坏

    D．磁头变形

（3）在下列操作中，恢复因_____操作所导致的数据丢失时难度最大。

    A．删除文件　　　　　　　　B．高级格式化

    C．重新分区　　　　　　　　D．低级格式化

（4）硬盘固件区损坏或电路板损坏，将导致硬盘_____。

    A．数据并没有遭到破坏　　　B．数据被轻微破坏

    C．数据被破坏得比较严重　　D．数据完全被破坏

（5）硬盘扇区伺服信息采用_____方式。

    A．ECC 校验　　　　　　　　B．CRC 校验

    C．CCR 校验　　　　　　　　D．CEC 校验

（6）删除文件只是把文件的地址信息从_____中删除，而文件的数据本身还保存在原来的扇区中。

    A．G 列表或 P 列表　　　　　B．文件分配表和固件区

    C．文件分配表和根目录表　　D．根目录表和固件区

（7）高级格式化只是重新_____文件分配表和根目录表，不会删除原有扇区中的数据。

    A．创建　　　　　　　　　　B．编辑

    C．修改　　　　　　　　　　D．排序

（8）当使用 DiskGenius 软件对已丢失的分区进行搜索时，_____不是可选择的搜索范围。

A. 整个硬盘　　　　　　　　　　B. 当前选择的区域

C. 所有未分区区域　　　　　　　D. 间隔分区区域

（9）_____软件具有数据恢复功能。

A. DM　　　　　　　　　　　　B. FinalData

C. GHOST　　　　　　　　　　D. FORMAT

（10）如果在硬盘根目录下发现隐藏文件 autorun.inf 或 pagefile.pif，则表明中了_____病毒。

A. 磁碟机　　　　　　　　　　B. 熊猫烧香

C. 黑色星期五　　　　　　　　D. 落雪

（11）_____不属于计算机病毒造成的危害。

A. 降低计算机运行速度　　　　B. 破坏显示器

C. 影响操作系统正常运行　　　D. 破坏系统数据区

（12）_____不属于计算机病毒的特点。

A. 寄生性　　　　　　　　　　B. 传染性

C. 适应性　　　　　　　　　　D. 潜伏性

（13）因某个事件或数值的出现，诱使计算机病毒实施感染或进行攻击的特性称为计算机病毒的可触发性，其中_____不属于病毒触发条件。

A. 时间　　　　　　　　　　　B. 温度

C. 日期　　　　　　　　　　　D. 文件类型或某些特定数据

（14）Windows 7 操作系统进入安全模式的方法是，在计算机开机自检时按_____键后选择"安全模式"。

A. F1　　　　　　　　　　　　B. F5

C. F8　　　　　　　　　　　　D. F12

2. 填空题

（1）硬盘数据丢失的故障类型可分为两种类型：_____和_____。

（2）硬盘上的每个扇区中的数据都是通过一定的校验公式来保障数据的完整性和准确性的。校验形式一般为_____校验和_____校验。

（3）数据恢复不仅可以恢复文件，还可以恢复硬盘的_____，并可以恢复不同的_____，以及不同移动数码存储卡上的数据。

（4）在实际操作中，删除文件并不会把数据从硬盘扇区中删除，只是把文件的地址信息从_____和_____中删除，而文件的数据本身还保存在原来的_____中，除非用新的数据覆盖那些扇区。

（5）在实际操作中，高级格式化并不会把数据从硬盘扇区中删除，只是重新创建新的_____和_____，不会删除原来在扇区中的数据。

（6）重新分区只是对硬盘的＿＿＿＿＿＿＿＿有所改动，硬盘中的数据并没有被破坏。

（7）计算机病毒的特点为寄生性、＿＿＿＿＿＿、潜伏性、隐蔽性、＿＿＿＿＿＿、可触发性。

（8）计算机病毒程序利用修改硬盘扇区信息或文件内容并把自身嵌入其中的方法以达到传染和扩散的目的，被嵌入的程序叫作＿＿＿＿＿＿＿＿。

（9）计算机病毒其实是一种具有自我复制能力的＿＿＿＿＿＿或＿＿＿＿＿＿，其利用计算机的软件或硬件的缺陷控制或破坏计算机，可使系统运行缓慢、不断重启，或者使用户无法正常操作计算机，甚至可能造成硬件的损坏。

（10）使用 GHOST 软件恢复分区时，一定要选择正确的＿＿＿＿＿＿，否则可能导致分区丢失或重要数据不能被恢复。

（11）如果计算机仅是因为重新分区而未进行其他操作而导致数据丢失，恢复起来是非常简单的，只需要修复＿＿＿＿＿＿，原有数据就会立即全部呈现，并且没有任何格式上的改变。

（12）分区的位置信息保存在硬盘的＿＿＿＿＿中。当使用分区软件删除某个分区时，会将分区的位置信息从＿＿＿＿＿中删除，而不会删除分区内的任何数据。

（13）计算机经常出现系统瘫痪或蓝屏，若硬盘重新格式化后，再次安装系统一切正常，则大多是因为硬盘的＿＿＿＿＿和＿＿＿＿＿＿＿＿性能不稳定，而造成数据经常丢失。

（14）硬盘完全低级格式化后，硬盘中所有扇区中的数据将被＿＿＿＿＿＿，恢复数据变得非常困难。

（15）数据恢复操作是通过数据恢复软件的＿＿＿＿＿＿，将某些已被删除或被破坏的数据，通过一定的算法找到＿＿＿＿＿＿，以便尽可能完整地还原原有数据。

3．简答题

（1）简述硬盘软件类型故障的数据恢复原理。

（2）说明使用 FINALDATA 软件进行数据恢复的主要步骤。

（3）简述计算机病毒的主要危害。

（4）简述计算机病毒的特点。

（5）简述使用 DiskGenius 软件搜索已丢失分区（重建分区表）时，有几种可选择的搜索范围及其含义。

（6）简述硬盘数据恢复的层次有哪几种。

5.4　本模块实训

【实训名称】硬盘误分区数据恢复

【实训任务】

（1）了解硬盘误分区数据恢复的原理。

（2）掌握搜索已丢失分区（重建分区表）的操作步骤。

（3）掌握重建主引导记录（重建 MBR）的操作步骤。

（4）熟练掌握 DiskGenius 软件的使用方法。

【实训条件】

（1）每人一台计算机、一块实训用硬盘或 U 盘。

（2）在计算机中安装 DiskGenius 软件。

（3）每两人组成一个合作组，一人提前删除硬盘或 U 盘中的部分分区，另一人对硬盘或 U 盘进行破坏主引导记录操作。

【实训步骤】

（1）将实训用硬盘或 U 盘与计算机相连接，对比并分析两块不同故障的硬盘或 U 盘，观察故障现象，记录情况。

（2）运行 DiskGenius 软件。

（3）搜索已丢失分区（重建分区表）的操作步骤如下。

① 选择要恢复分区的硬盘或 U 盘。

② 选择硬盘或 U 盘后，选择"工具→搜索已丢失分区（重建分区表）"选项，或者在右键菜单中选择"搜索已丢失分区（重建分区表）"选项，也可以单击工具栏上的"搜

索分区"按钮。

③ 设置好搜索选项后,单击"开始搜索"按钮。

④ 搜索完成后,在不保存分区表的情况下,可以利用 DiskGenius 软件访问分区内的文件,如复制文件等,甚至恢复分区内的已删除文件。注意,只有在保存分区表后,搜索到的分区才能被操作系统识别及访问。

(4)重建主引导记录(重建 MBR)的操作步骤如下。

① 选择需要重建主引导记录的硬盘或 U 盘,选择"硬盘→重建主引导记录(重建MBR)"选项。

② 单击"是"按钮后,软件将使用自带的 MBR 重建主引导记录。

模块 6

•••• # 计算机故障诊断与排除

6.1 知识要点

本模块概要

本模块介绍计算机故障的诊断与排除，包括故障诊断原则、故障解决方法、故障分析基础知识和故障分析流程。其中，在故障解决方法中主要介绍无法开机、死机、蓝屏、黑屏、重启等几种常见故障的解决方法，并简述多个典型故障案例的分析与解决方法，以进一步提高学生排除故障的实战能力。

【知识点 1】计算机故障诊断原则

1．"一切从简单的事情做起"原则

2．"先想后做"原则

3．"先软后硬、由外到内"原则

对大多数用户来说，在计算机日常使用过程中，80％以上的故障都是由于软件原因导致的"软故障"。

因此要先排除软件问题，再着手排除硬件问题。在实施硬件维修时，要先排除外部器件故障，再排除机器内部故障；先排除次要部件故障，再排除主要部件故障。

4．"抓核心问题"原则

首先判断、解决主要的故障。当主要故障被排除后，次要故障可能也就排除了。

【知识点 2】计算机故障解决方法

1．观察法

观察一般包括"望、闻、问、切"四个步骤。

在进行维修前，首先要做的事情就是观察以下几个方面的内容。

（1）计算机所表现的特征、显示内容。

（2）计算机内部环境。

（3）计算机的软/硬件配置。

（4）计算机周围环境。

2．最小系统法

表 6-1　最小系统法

最小系统类型	组 成 器 件	包 含 情 况
硬件最小系统	电源、主板、CPU、内存条、显卡、显示器	（1）能启动计算机的最小系统，主要包括主板、电源、CPU 及其散热器风扇 （2）能点亮计算机屏幕的最小系统，主要包括主板、电源、CPU、内存条、显卡、显示器 （3）能正常进入计算机操作系统界面的最小系统，主要包括主板、电源、CPU、内存条、显卡、显示器、硬盘、键盘
软件最小系统	电源、主板、CPU、内存条、显卡、显示器、键盘、硬盘	（1）能正常进入 BIOS 设置界面并可设置相关参数 （2）能正常进入 PE 系统操作界面并能正常操作 （3）能正常进入操作系统安全模式 （4）能正常进入操作系统界面，但某些功能模块失效

3．逐步添加去除法

4．替换法

替换时应尽量遵循以下几个原则。

（1）根据观察到的故障现象，考虑需要进行替换的部件或设备。

（2）按替换部件的繁简程度进行替换（遵循"一切从简单的事情做起"的原则）。

（3）根据故障率来确定部件替换顺序。根据以往维修经验，首先考虑对故障率高的部件进行检查维修。首先考查与被怀疑有故障的部件相连接的连接线接触是否良好、安装是否到位等，然后替换被怀疑有故障的部件，其次替换供电部件，最后考查与之相关的其他部件。

5．诊断卡法

诊断卡分为 2 码和 4 码两种，有 PCI 和 ISA 两种接口。

6．释放电荷法

7．升降温法

【知识点 3】计算机故障分析基础知识

表 6-2 故障分析基础知识

故 障 类 型	故 障 原 因
软件故障	（1）两个或两个以上应用软件同时运行或应用软件与操作系统不兼容而引起系统崩溃、蓝屏、死机、重启等 （2）删除某个应用软件时不小心将系统文件或驱动程序删除而引起系统崩溃、功能失效，甚至无法启动系统等 （3）在下载应用软件时随机下载并安装了某些带有病毒的程序而引起系统中毒，导致系统文件遭到破坏而无法正常运行 （4）计算机同时安装了多个杀毒软件，造成杀毒软件互相冲突而导致系统运行卡顿、死机等
硬件故障	（1）部件之间的插口连接不匹配或接触不良 （2）跳线设置错误引起的硬件之间的冲突 （3）由于硬件厂商的不同而造成硬件之间互不兼容，导致计算机死机、蓝屏、无法启动等 （4）计算机使用一段时间后，设备部件的性能下降，电路元器件虚焊、损坏引起功能失效，甚至无法正常工作

【知识点 4】计算机故障处理的方法及流程

1．计算机软件故障处理的基本思路和方法

（1）查看软件应用功能快捷键的设置是否正确，如 Wi-Fi、蓝牙功能的启动与关闭。

（2）若因硬盘中垃圾文件过多导致计算机使用性能变差，则建议定期清理。

（3）若因系统开机启动项设置太多影响开机速度和系统的稳定性，则建议关闭一些不必要的启动项，如 QQ、微信等（初学者不可轻易关闭不了解的启动项，以免重启后无法进入系统）。

（4）通常情况下安装一个杀毒软件即可，安装过多的杀毒软件将拖慢整个系统的运行速度。

（5）系统盘剩余空间太小或打开的快速启动文件过多，会拖慢整个系统的运行速度。

（6）查看设备驱动程序是否安装正确（可在设备管理器中查看）。

（7）查看应用软件的兼容性，如应用软件版本是否匹配、与操作系统是否兼容等。

（8）无法清除某些顽固病毒时，可启动安全模式（可在 Windows 系统开始运行前按 F8 键以开启安全模式），以彻底清除病毒。

（9）安装新软件或更改某些设置后导致系统无法正常启动时，可进入安全模式卸载该软件或直接恢复所更改的设置，然后返回系统界面即可排除故障。

（10）可以通过调整虚拟内存的大小或禁用多余的系统服务来提高计算机的运行速度。

（11）查看 BIOS 设置参数是否正确，设置异常将导致无法引导硬盘系统或部分应用功能无法打开或关闭。

（12）若因系统配置文件被破坏或被删除导致系统崩溃，则可重新配置或重装系统。

2．计算机硬件故障处理流程图

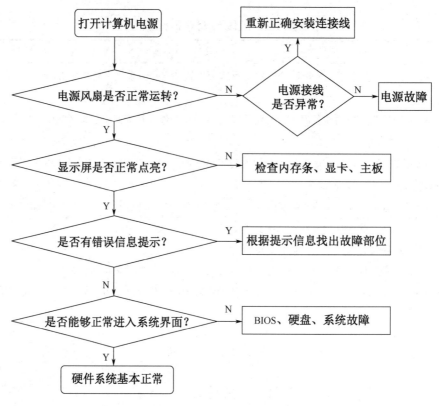

图 6-1　硬件故障处理流程图

【知识点 5】计算机故障排除

1．无法开机系统故障

表 6-3　无法开机系统故障的排除

系统故障分类	检 测 方 法	排 除 方 法
CMOS 电池电量不足	屏幕出现提示： "CMOS checksum error — Defaults Loaded"	更换 CMOS 电池，开机后按 Del 键进入 BIOS，修改默认设置，重启计算机
BIOS 设置故障	计算机启动时在开机自检阶段停止，无法继续。进入 BIOS 设置界面，查看硬盘参数设置；查看能否正确识别硬盘；查看计算机启动顺序设置项；查看系统所在盘是否为第一引导盘	进入 BIOS 设置界面，选择"Load Fail→Safe Defaults"选项，以恢复出厂设置，保存并退出
操作系统故障	开机自检阶段通过，但无法进入系统，在启动画面处停止	开机，按 F8 键，选择启动菜单项"Safe model"（安全模式），通过设备管理器和系统文件检查器查找故障,遇到有"！"或"？"的显示项目时，应根据具体情况，重装驱动程序；若系统文件受损，则可重新安装系统文件以恢复系统

2．死机故障

表 6-4　死机故障的排除

故 障 分 类	检 测 方 法	排 除 方 法
CPU 散热器故障	打开机箱侧盖，观察 CPU 散热器是否工作	更换 CPU 散热器或更换散热器风扇
显卡故障	（1）显卡接口卡扣是否扣紧 （2）主板插槽或显卡是否存在污垢 （3）显卡驱动程序是否安装正确 （4）显卡是否过度超频导致系统无法启动或黑屏 （5）显卡电子元器件是否有故障	清理灰尘，重新正确安装、更换或升级驱动程序，降低显卡频率，更换显卡
电源故障	（1）测量电源输出端的各路电压是否正常 （2）检查电源接地装置是否正常 （3）电源内部是否灰尘过多而导致散热不良甚至短路	清理灰尘，正确安装接地装置，更换新电源
病毒、木马入侵导致系统资源耗尽	根据病毒或木马的入侵现象进行判断	加强系统维护，及时更新操作系统补丁，及时更新杀毒软件和防火墙软件，对已经感染病毒的系统使用新版杀毒软件进行查杀处理

3．蓝屏故障

表 6-5　蓝屏故障的排除

硬件/软件	故 障 原 因
硬件方面	（1）CPU 过度超频 （2）内存条发生物理损坏，或者内存条与其他硬件不兼容 （3）系统硬件冲突 （4）使用劣质配件
软件方面	（1）遭受病毒或黑客攻击 （2）注册表中存在错误或被损坏 （3）启动时加载程序过多 （4）软件安装版本冲突 （5）虚拟内存不足造成系统多任务运算错误 （6）动态链接库文件丢失 （7）安装过多的字体文件 （8）加载的计划任务过多 （9）系统资源产生冲突或资源耗尽 （10）软/硬件冲突

4．黑屏故障

（1）电源线、信号线连接故障。

（2）开机后 CPU 散热器风扇运转但黑屏。

表 6-6 CPU 散热器风扇运转但黑屏故障的排除

故 障 分 类	检 测 方 法	排 除 方 法
主板 BIOS 有报警音	多为内存条接触不良或损坏，可采用替换法进一步测试	用橡皮擦拭内存条金手指后重新安装，如故障依旧存在则需更换内存条
主板 BIOS 没有报警音	主板硬盘指示灯若无规律地闪烁，且硬盘有读取数据的声音，则可判断系统启动正常，可重点检查显示器	采用替换法确定是否为显示器故障，如故障排除则判断为显示器故障
主板硬盘指示灯长亮或长暗	通过将内存条、显卡、硬盘等配件逐一插拔的方式来确认故障源。若故障仍未解决，则可推断为 CPU 或主板损坏	更换损坏配件

（3）开机后 CPU 散热器风扇不运转且黑屏。

5．重启故障

（1）重启按钮没有回位导致反复重启。

（2）电网电压起伏过大导致重启。

（3）CPU 散热器风扇转速过低或 CPU 过热导致重启。

（4）主板电容漏液造成主板不稳定而导致重启。

（5）硬盘磁道损坏导致重启。

【知识点 6】典型故障案例

【案例 1】故障现象： 联想扬天 M7330 突然死机，不能启动，重装系统后能够启动，但在设备管理器里有很多问号，如打印口、COM 口等都显示没有驱动。

故障分析： 此类故障有两种原因：一种是接口损坏；另一种是接口接触不良。如果重装系统，并重新安装驱动程序后，仍不能解决问题，则只能维修主机。

排除方法： 打开机箱，拔下外部设备，取出主板，进行"大扫除"。重新安装外部设备后若问题仍不能解决，则可判断为接口损坏，需要更换主机或维修主板。

【案例 2】故障现象： 计算机频繁死机，在进行 BIOS 设置时也会出现死机。

故障分析： 此类故障一般是由于主板散热不良或主板上的 Cache 有问题引起的。

排除方法： 如果因主板散热不良而导致该故障，则可以在死机后触摸主板上 CPU 周围的元器件，可发现其温度非常高，在更换大功率散热器风扇之后，死机故障即可排除。

如果是因 Cache 有问题造成的故障，则进入 BIOS 设置，禁止 Cache 即可。当 Cache 被禁止后，机器运行速度肯定会提高。

如果按上述方法仍不能排除故障，则可判断为主板或 CPU 有问题，需要更换主板或 CPU。

【案例 3】故障现象： BIOS 设置的参数不能被保存。

故障分析： 此类故障一般是由于主板电池的电压不足或 CMOS 跳线设置错误造成的。

排除方法： 首先更换 CMOS 电池，如果 CMOS 电池更换后，还不能解决问题，则应检查主板 CMOS 跳线是否有问题。例如，将主板上的 CMOS 跳线错误设置为清除选项，或者设置成外接电池，会使得 CMOS 数据无法保存。如果不是以上原因，则可以判断是主板电路有问题，应对主板进行芯片级检修。

【案例 4】故障现象： 机器开机屏幕出现英文提示"Fan Error"，无法正常启动。

故障分析： 根据英文提示可判断该故障为风扇或主板存在硬件故障，拆机进行检测，可发现风扇连接线未插紧，因此导致系统报告风扇错误。

排除方法： 重新插拔并固定连接线后，再次开机，观察是否可以恢复正常。

【案例 5】故障现象： 台式计算机开机后进入 BIOS 设置界面，除可以设置"用户口令""保存并退出"和"不保存退出"三个选项外，其余各选项均无法进入。

故障分析： 这种情况可能是由于 CMOS 存储芯片损坏引起的。

排除方法： 可以尝试放电处理（拔除 CMOS 电池，短接 CMOS 电池正、负极，进行跳线设置）。如果 CMOS 电池放电后仍不能排除故障，则可尝试升级 BIOS 程序。若仍未能排除，则可能是 CMOS 存储芯片内部损坏，需对其进行更换处理。

【案例 6】故障现象： 在使用 Windows 10 操作系统一段时间后系统变慢了很多，打开任务管理器，发现 CPU 占用率已达到 100%。

故障分析与排除方法： 造成该故障的原因通常有如下三个。

（1）杀毒软件造成的故障。目前市场上的杀毒软件都加入了对网页、插件、电子邮件的随机监控，给 CPU 和系统增加了负担。建议只安装一个杀毒软件程序以减小系统监控服务压力。

（2）驱动程序出错造成的故障。盲目安装从非正规渠道下载的驱动程序，导致占用很多 CPU 资源，从而造成难以发现的隐性故障。建议通过设备管理器删除出现异常的驱动程序，重新安装从正规渠道（或官网）下载的驱动程序。

（3）计算机病毒或木马入侵造成的故障。病毒入侵后在系统内部迅速自我复制，造成 CPU 占用率居高不下。建议使用正规的杀毒软件，彻底查杀并清理系统内存和本地硬盘，然后再重新启动计算机。

6.2 典型题解

【例题 1】一台台式计算机插上电源就立即自动开机，请分析故障原因并给出解决方法。

故障分析： 此题是一个案例分析题，根据故障现象来看属于"计算机加电自启动故障"，可从硬件本身和软件 BIOS 设置两个出发点进行分析。

答案： 故障原因：一是硬件有问题；二是软件 BIOS 设置有问题。

排除方法： 若是硬件有问题则通常是由于开机按键损坏或电源短路引起的，可更换开机按键或电源。如果是主板开机线路故障引起的，则需维修或更换主板。若是软件 BIOS 设置有问题，则可在开机后进入 BIOS 设置界面，将"PWRON After PWR-Fail"设置为"OFF"，并将加电自动开机功能关闭，保存设置后退出。

【例题2】 简述引起蓝屏故障的硬件原因有哪些。

故障分析： 蓝屏故障产生的原因可从软件和硬件两方面考虑，本题只需要简述硬件原因即可。

答案：（1）CPU过度超频；（2）内存条发生物理损坏，或者内存条与其他硬件不兼容；（3）系统硬件冲突；（4）使用劣质配件。

【例题3】 某台计算机开机自检通过，但无法进入系统，在启动画面处停止。请根据故障分析故障原因，并给出排除方法。

故障分析： 该题是一道案例分析题。故障现象属于不开机故障，根据所学知识排除即可。

答案：（1）系统文件被修改、破坏；（2）加载了不正常的命令行；（3）硬盘故障。

排除方法： 首先尝试进入安全模式（开机时按F8键），选择启动菜单中的"Safe model"（安全模式）。进入安全模式后，通过设备管理器和系统文件检查器查找故障，遇到有"！"或"？"的显示项目时则要根据具体情况重装驱动程序，若系统文件受损则可重新安装系统文件。

6.3 自我测试

1. 选择题

（1）在进行计算机检修前，首先要做的事情是_____。

    A．除尘　　　　　　　　　　B．通电

    C．观察　　　　　　　　　　D．拆解

（2）在以下导致计算机蓝屏的原因中，属于硬件故障的是_____。

    A．系统资源产生冲突或资源耗尽

    B．CPU过度超频

    C．虚拟内存不足

    D．黑客攻击

（3）一台计算机经常莫名其妙地死机，初步判断是内存条工作不稳定导致的，因此可换插一条正常的内存条以进一步测试，这种检测故障的方法是_____。

    A．比较法　　　　　　　　　　B．插拔法

    C．替换法　　　　　　　　　　D．观察法

（4）计算机的最小硬件系统不包括_____。

    A．硬盘　　　　　　　　　　B．主板

    C．CPU　　　　　　　　　　D．内存

（5）系统不能启动，电源指示灯不亮，听不到散热器风扇的转动声音，故障部位可能是_____。

  A．键盘   B．外设

  C．电源   D．内存

（6）一台计算机能够正常启动，但 BIOS 设置参数不能保存，可能的故障原因是_____。

  A．BIOS 损坏   B．BIOS 设置错误

  C．CMOS 电池电压低 D．硬盘损坏

（7）计算机无法开机的系统故障包括_____。

  A．CMOS 电池电量不足 B．CMOS 设置错误

  C．操作系统故障   D．以上都是

（8）下列选项中，不属于造成死机故障的硬件原因的是_____。

  A．显卡故障   B．CPU 散热器故障

  C．电源散热器故障   D．木马病毒入侵

（9）下列选项中，不是造成计算机蓝屏故障的硬件原因的是_____。

  A．CPU 过度超频   B．虚拟内存不足

  C．内存与其他硬件不兼容 D．使用劣质配件

（10）下列选项中，不会造成系统黑屏的是_____。

  A．显卡与主板不兼容或接触不良

  B．显示器的电源、连接线有问题

  C．系统核心部件的 BIOS 设置错误

  D．键盘、鼠标未与主机正常连接

（11）下列选项中，不是导致计算机蓝屏故障的软件原因的是_____。

  A．系统资源产生冲突或资源耗尽

  B．黑客攻击

  C．虚拟内存不足

  D．CPU 过度超频

（12）关于黑屏故障的检测方法，下列操作不正确的是_____。

  A．首先检测主机电源线和显示器信号线

  B．主板 BIOS 有报警声，多为声卡接触不良或损坏

  C．主板硬盘灯常亮，可用插拔法来确认故障源

  D．没有 BIOS 报警声，硬盘灯闪烁，应重点检查显示器

（13）造成计算机重启的原因有_____。

  A．CPU 温度过高   B．主板电容漏液

  C．CPU 散热器风扇转速过低 D．以上都是

（14）小李的计算机运行一段时间后就会死机，过一会儿就可正常启动，但运行不长时间后又会死机。请帮他分析可能的原因是_____。

    A．操作系统故障   B．驱动程序安装错误

    C．主板上有损坏的芯片   D．CPU 散热器故障

（15）为方便排除计算机硬件故障，应从最基本的_____开始排除，再逐步深入排除计算机硬件系统的每个部分。

    A．CPU   B．电源插头

    C．硬盘   D．内存

2．填空题

（1）诊断计算机故障时，观察法一般包括"_____、闻、问、_____"四个步骤。

（2）从整个维修判断的过程看，判断故障总是首先判断是否为_____故障。对于不同故障，分析的方法也不一样。

（3）对计算机的软/硬件配置进行的观察包括：了解已安装了哪些硬件；系统资源的使用情况；使用的是哪种_____，安装了哪些_____；硬件的驱动程序版本等。

（4）在实施硬件维修时，要先排除_____器件故障，再排除机器_____故障；先排除次要部件故障，再排除_____部件故障。

（5）通过简便的软/硬件检测工具就能判断出故障部位和故障原因的方法叫作_____。

（6）从维修判断故障的角度来看，能使计算机故障复现或不复现的最基本的软/硬件环境是指_____。

（7）以最小系统为基础，一次向系统添加一个部件（硬件或软件），直至故障现象出现为止，这种判断故障发生部位的方法叫作_____。

（8）用正常的部件去代替可能有故障的部件，以故障是否消失来判断故障原因的方法叫作_____。正常的部件可以是_____的，也可以是_____的。

（9）利用专用的诊断卡对系统进行检查的方法叫作_____。

（10）如果因主板散热不良而导致死机，则可以在死机后触摸主板上_____周围的元器件，可发现其温度非常高，在更换_____之后，死机故障即可排除。

（11）在排除因配件劣质而导致的计算机蓝屏的故障时，可合理选配硬件_____。

（12）软件原因导致蓝屏故障的情况较多，排除软件故障要依据具体情况，一般通过"任务管理器""_____""磁盘清理""_____""_____""重装操作系统"或其他工具软件加以修复。

（13）将主板与机箱的接线全部拔下，用螺丝刀碰触_____，如果能够正常开机，则可证明是机箱开机和重启键有问题，或者是_____有问题。

（14）系统在启动过程中出现可以进行开机自检，但无法进入操作系统，且反复启动，此时就要考虑是否为＿＿＿＿＿＿＿＿＿＿问题。

3．简答题

（1）简述计算机故障诊断原则。

（2）简述最小系统有哪两种形式，各包含哪些硬件。

（3）简述计算机故障排除方法。

（4）简述为排除计算机故障而采用替换法替换硬件时应尽量遵循哪几条原则。

（5）在进行检修前，首先应进行观察，简述应观察哪几个方面。

（6）简述常见的导致计算机硬件故障的原因有哪几种。

6.4　本模块实训

【实训名称】硬件故障维修检测
【实训任务】
（1）确认硬件最小系统所包含的硬件名称。
（2）构建硬件最小系统，并检测开机顺序是否与教材讲述的硬件故障处理流程一致。

（3）人为设置硬件故障，并与硬件故障处理流程进行对比，检查错误提示是否一致。

【实训条件】

（1）硬件：电源、主板、CPU、内存条、显卡、显示器各1件。

（2）诊断卡1张。

【实训步骤】

（1）清理工作平台，保证工作平台干净整洁。

（2）清点实验部件清单，确保硬件型号与清单一致。

（3）安装配件，构建硬件最小系统，并检测开机是否正常。

（4）开机后观察硬件开机自检流程，并与硬件故障处理流程图进行比对。

（5）插上主板诊断卡，拔下内存条，观察显示器上是否有提示信息，同时观察诊断卡代码。

（6）拔下主板CMOS电池，观察显示器上的提示信息。

（7）完成实训报告，并将报告上交给实训教师。

模块 7

●●●● 计算机性能测试与系统优化

7.1 知识要点

本模块概要

计算机整机安装完成后，需要对其进行测试，以了解计算机的实际性能。本模块学习通过一些专业测试软件对系统中的 CPU、硬盘、内存条、显卡、显示器等进行测试。例如，用 CPU-Z 软件测试 CPU，用 HD Tune Pro 软件测试硬盘，用 MemTest 软件测试内存条，用 3DMark 软件测试显卡等。

【知识点 1】计算机性能测试

表 7-1　计算机性能测试软件及其功能

测试内容	软件名称	功能
CPU	CPU-Z 1.91	可检测 CPU 名称、厂商、性能、当前电压、L1 Cache 及 L2 Cache 情况、内核进程、内部和外部时钟等。能提供全面的 CPU 相关信息报告，可显示关于 CPU 的 L1 Cache、L2 Cache 的资料（大小、速度、描述），支持双处理器
硬盘	HD Tune Pro 5.57	可检测硬盘的传输速率、存取时间、CPU 占用率。可了解硬盘的实际性能与标称值是否吻合，以帮助用户了解各种移动硬盘在实际使用过程中能够达到的最高速度
内存条	MemTest 6.1	可检测内存条的稳定性、记忆储存与资料检索的能力
显卡	(3DMark 11) 2.7	使用原生 DirectX 11 引擎，在测试场景中应用了大量 DirectX 11 新特性；包含深海（Deep Sea）和神庙（High Temple）两大测试场景，四个图形测试项目、一项物理测试和一组综合性测试，并重新提供 Demo 演示模式
显示器	Display-Test 2.32	能对显示器的几何失真、四角聚焦、白平衡、色彩还原能力等进行测试

【知识点 2】优化计算机系统性能

一、手工方式优化系统

1．加快 Windows 10 操作系统启动速度

（1）在 Windows 10 操作系统桌面按快捷键 "Win+R"，在弹出的对话框中输入 "msconfig"

命令，在弹出的"系统配置"对话框中，选择"引导"选项卡。

（2）单击"高级选项"按钮，勾选"处理器个数"和"最大内存"复选框。

2．提高 Windows 10 操作系统关机速度

（1）在 Windows 10 操作系统桌面按快捷键"Win+R"，在弹出的对话框中输入"regedit"命令，打开"注册表编辑器"窗口。

（2）找到"HKEY_LOCAL_MACHINE/SYSTEM/CurrentControlSet/Control"选项，右击"WaitToKillServiceTimeout"选项，在弹出的快捷菜单中选择"修改"选项。

3．提高窗口的切换速度

（1）右击桌面上的"计算机"图标，打开"属性"窗口。

（2）选择"高级系统设置"选项，在弹出的"系统属性"对话框中选择"高级"选项卡。

（3）单击性能栏中的"设置"按钮，弹出"性能选项"对话框。Windows 10 操作系统默认显示所有视觉特效，可以通过在该对话框中自定义显示效果来提升系统速度。

4．关闭系统搜索索引服务

（1）打开"控制面板"，将"查看方式"设置为"小图标"，选择"索引选项"选项，弹出"索引选项"对话框。

（2）单击"修改"按钮，在弹出的"索引位置"对话框中取消勾选"更改所选位置"中的全部复选框，单击"确定"按钮。

5．关闭系统声音

（1）在"控制面板"窗口中双击"声音"选项，弹出"声音"对话框。

（2）在"声音"对话框中选择"声音"选项卡，在该选项卡中取消勾选"播放 Windows 启动声音"复选框。

6．优化工具栏

（1）在 Windows 10 操作系统桌面按快捷键"Win+R"，在弹出的对话框中输入"regedit"命令，打开"注册表编辑器"窗口。

（2）右击"HKEY_CURRENT_USER/SOFTWARE/Microsoft/Windows/CurrentVersion/Explorer/Advanced"文件夹，在弹出的快捷菜单中选择"新建→QWORD（64位）值"选项，并将其命名为"ThumbnailLivePreviewHoverTime"。

二、使用 360 安全卫士进行系统优化

360 安全卫士提供的功能如下。

（1）电脑体检 —— 对计算机进行详细的检查。

计算机组装与维护（第 5 版）学习指导与实训

（2）查杀木马 —— 当发现病毒时，可进行有针对性的查杀。

（3）电脑清理 —— 主要清理系统插件、垃圾、痕迹、注册表。

（4）系统修复 —— 修复常见的上网设置、系统设置。

（5）优化加速 —— 有效提高开机的速度。

（6）功能大全 —— 提供几十种功能。

（7）软件管家 —— 安全下载软件、小工具。

三、使用优化大师进行系统优化

1．Windows 优化大师主要功能

（1）详尽准确的系统信息检测。

（2）全面的系统优化选项。

（3）强大的清理功能。

（4）有效的系统维护模块。

2．常见优化功能

（1）优化计算机。

① 打开 Windows 优化大师，单击"一键优化"按钮，等待自动优化完毕后，单击"一键清理"按钮开始自动扫描系统内的文件。

② 扫描完毕后，单击"确定"按钮，按照提示删除需要清理的文件。

③ 根据需要选择是否进行注册表备份。

④ 根据需要选择各种功能，如磁盘缓存优化、桌面菜单优化、文件系统优化、网络系统优化、开机速度优化、系统安全优化、系统个性设置、后台服务优化、自定义设置项等。

（2）清理系统注册表。

① 在"系统清理"的下一级功能菜单中选择"注册信息清理"选项，在其右侧窗格中选择要清理的注册表项目，单击"扫描"按钮。

② 开始扫描指定类型的注册表信息，扫描完毕后，选择确认属于垃圾信息的选项，并单击"删除"或"全部删除"按钮。

③ 在弹出的提示用户备份注册表的对话框中，单击"是"按钮开始备份当前注册表。

④ 在弹出确认删除注册表信息的对话框中，单击"确定"按钮，并重新启动系统。

注意：

在 Windows 10 操作系统中频繁地备份注册表会产生大量注册表备份文件，过多的注册表备份文件会占用大量硬盘空间，因此建议在备份当前注册表之前删除旧的注册表备份文件。Windows 优化大师生成的注册表备份文件保存在 Wom\Backup\Registry 文件夹中。

（3）对硬盘进行缓存优化。

① 在 Windows 优化大师程序主窗口中单击"系统优化"按钮，在打开的下一级菜单中选择"磁盘缓存优化"选项，通过拖曳顶端的滑块来设置"输入/输出缓存大小"。

② 勾选"计算机设置为较多的 CPU 时间来运行"复选框，并单击右侧的下拉按钮，选择"程序"选项。

③ 单击"优化"按钮完成优化，根据提示重新启动计算机使设置生效。

（4）清理垃圾文件。

① 打开 Windows 优化大师程序主窗口，在其左侧窗格中单击"系统清理"按钮。

② 在打开的下一级菜单中选择"磁盘文件管理"选项，在右侧窗格中选择准备清理垃圾文件的硬盘分区。

③ 选择"文件类型"标签，在垃圾文件类型列表中选择要扫描的垃圾文件类型，并单击"扫描"按钮。

④ Windows 优化大师程序开始准备待分析的目录，并扫描指定类型的垃圾文件。扫描完毕后，选择属于垃圾文件的文件并单击"删除"按钮。

⑤ 在弹出的确认删除对话框中单击"确定"按钮，即可删除选择的垃圾文件。

注意：

> 如果能够确定扫描后的所有结果均为系统垃圾文件，则可以单击"全部删除"按钮，以快速删除所有垃圾文件。

7.2　典型题解

【例题 1】在 Windows 10 操作系统的"运行"对话框中，输入＿＿＿＿＿＿命令，可以打开"系统配置"对话框。

  A．msconfig   B．regedit

  C．CMD   D．Ipconfig

分析：msconfig 是查看"系统配置"的命令。

答案：A

【例题 2】3DMark 11 软件包含＿＿＿＿＿＿＿和＿＿＿＿＿＿＿两大测试场景，画面效果堪比 CG 电影。

  A．深海、神庙   B．硬件、软件

  C．主板、内存   D．内存、显卡

分析：3DMark 11 软件是专门为测试 PC 游戏效能而设计的，其最大的特点就是使用原生 DirectX 11 引擎，在测试场景中应用了包括 Tessellation 曲面细分、Compute Shader，以及多线程在内的大量 DirectX 11 的新特性。3DMark 11 软件包含了深海（Deep Sea）和神庙（High Temple）两大测试场景，画面效果堪比 CG（Computer Graphics）电影。

答案：A

【例题 3】液晶显示器合格的国家标准是"_____"。

  A．335   B．336

  C．334   D．344

分析：液晶显示器合格的国家标准是"335"，也就是说，存在 3 个亮点或 3 个暗点，或者亮点加暗点总数在 5 个以内都是合格的。

答案：A

7.3 自我测试

1．选择题

（1）如果想要查看一台计算机中 CPU 所支持的多媒体指令集，则可以使用的软件是_____。

  A．CPU-Z   B．HD Tune Pro

  C．MemTest   D．3DMark

（2）如果想要查看一台计算机中的硬盘是否有坏块，则可以使用的软件是_____。

  A．CPU-Z   B．HD Tune Pro

  C．MemTest   D．3DMark

（3）下列软件中，既能衡量显卡性能，又能衡量整机性能的是_____。

  A．CPU-Z   B．MemTest

  C．HD Tune Pro   D．3DMark

（4）下列软件中，能够对显示器进行坏点测试的是_____。

  A．CPU-Z   B．Display-Test

  C．HD Tune Pro   D．3DMark

（5）可以打开"系统配置"对话框的命令是_____。

  A．regedit   B．msconfig

  C．cmd   D．devmgmt.msc

（6）可以打开"注册表编辑器"对话框的命令是_____。

  A．regedit   B．msconfig

  C．cmd   D．devmgmt.msc

（7）下列不属于 360 安全卫士功能的是_____。

  A．查杀木马   B．清理插件

  C．修复硬盘   D．修复漏洞

（8）通过使用_____命令可以加快 Windows 10 操作系统启动速度。

    A. regedit   B. msconfig

    C. cmd   D. devmgmt.msc

（9）通过使用_____命令可以提高 Windows 10 操作系统关机速度。

    A. regedit   B. msconfig

    C. cmd   D. devmgmt.msc

（10）下列选项中，不属于 Windows 优化大师程序的清理功能的是_____。

    A. 注册信息清理   B. 垃圾文件清理

    C. 系统文件清理   D. 冗余 DLL 清理

（11）下列显示器的问题中，属于不合格的是_____。

    A. 存在 2 个亮点   B. 存在 3 个暗点

    C. 存在 1 个暗点和 1 个亮点   D. 存在 3 个暗点和 3 个亮点

（12）显示器暗点指的是_____。

    A. 黑屏时不能显示正常的颜色

    B. 白色时不能显示正常的颜色

    C. 无法显示一种或几种彩色的点

    D. 显示正常颜色的点

（13）下列软件中，_____可以检测出内存的稳定性。

    A. CPU-Z   B. HD Tune Pro

    C. MemTest   D. 3DMark

（14）360 安全卫士中，能够修复常见的上网设置、系统设置的是_____功能。

    A. 查杀木马   B. 电脑清理

    C. 系统修复   D. 优化加速

（15）下列选项中，不属于 Windows 优化大师程序的功能的是_____。

    A. 系统检测   B. 系统清理

    C. 系统修复   D. 系统维护

2. 填空题

（1）计算机中可以通过_____命令来优化系统启动项。

（2）计算机显示屏坏点指的是_____。

（3）若要增加虚拟内存，则可以右击"计算机→系统属性→高级系统设置→_____→高级→更改"选项，将"处理器计划"都调整为"程序"优化模式。单击"更改"按钮，打开虚拟内存设置窗口。

（4）MemTest 是一款_____检测软件。

（5）3DMark 是一款_____检测软件。

（6）Display-Test 是一款_____检测软件。

（7）在 Windows 10 操作系统中按快捷键"Win+R"，在弹出的对话框中输入_____命令，可以弹出"系统配置"对话框。

（8）在 Windows 10 操作系统桌面按快捷键"Win+R"，在弹出的对话框中输入_____命令，可打开"注册表编辑器"窗口。

（9）360 安全卫士是_____公司推出的一款永久免费的杀毒防毒软件。

（10）当发现病毒时，要有针对性地进行查杀，如可以使用 360 安全卫士的_____功能。

（11）为加快计算机的开机速度，可以使用 360 安全卫士的_____功能。

（12）Windows 优化大师是一款功能强大的系统辅助软件，它提供了全面有效且简便安全的_____、系统优化、_____、系统维护四大功能模块及数个附加的工具软件。

（13）Windows 优化大师生成的注册表备份文件保存在_____文件夹中。

（14）利用 HD Tune 软件的_____功能可检测硬盘的传输、存取时间、CPU 占用率，从而直观地判断硬盘的性能。

3. 简答题

（1）简述如何使用 Windows 优化大师清理系统注册表。

（2）简述如何使用 Windows 优化大师清理垃圾文件。

（3）简述如何关闭系统声音。

（4）简述如何关闭系统搜索索引服务。

（5）简述如何优化系统启动项。

（6）简述如何使用 Windows 优化大师优化计算机。

7.4　本模块实训

【实训名称】计算机硬件性能测试

【实训任务】

（1）使用软件测试 CPU 性能。

（2）使用软件测试硬盘参数。

（3）使用软件测试内存参数。

【实训条件】

（1）每组 1 台计算机，每组 2 人。

（2）准备下列版本的软件：

① CPU-Z 1.91；

② HD Tune Pro（硬盘检测工具）5.57；

③ MemTest 6.1。

（3）每组 1 个 U 盘。

（4）填写如表 7-2 所示的计算机性能测试结果记录表，以记录性能测试结果，并完成实训报告。

表 7-2　计算机性能测试结果记录表

部　　件	性能测试结果
CPU	
硬盘	
内存	

【实训步骤】

（1）正常开机，进入操作系统。

（2）使用 U 盘将测试软件安装到计算机上。

（3）分别运行 CPU-Z 1.91、HD Tune Pro 5.57、MemTest 6.1 软件，根据测试结果填写表格。

（4）完成实训报告，并将报告上交给实训教师。

综合测试题（一）

（本测试满分 100 分，测试时间 90 分钟）

一、选择题（每小题 2 分，本大题共 40 分）

1. 在对硬盘进行分区之前，首先需要建立_____。
   A. 主分区
   B. 逻辑分区
   C. 扩展分区
   D. 逻辑硬盘

2. _____设置不是登录互联网所必需的。
   A. IP 地址
   B. 工作组
   C. 子网掩码
   D. 网关

3. MBR 分区最大支持_____容量的硬盘。
   A. 1.2GB
   B. 1.2TB
   C. 2.2GB
   D. 2TB

4. 为解决某一特定问题而设计的指令序列称为_____。
   A. 程序
   B. 文档
   C. 系统
   D. 语言

5. 在下列存储器中，读/写速度最快的是_____。
   A. 硬盘
   B. 软盘
   C. 光盘
   D. 内存条

6. 一个计算机指令是用来_____的。
   A. 规定计算机执行一个基本操作
   B. 对数据进行运算
   C. 规定计算机完成一个完整任务
   D. 对计算机进行控制

7. 在下列叙述中，正确的是_____。
   A. 假若计算机在使用过程中突然断电，SRAM 中存储的信息不会丢失
   B. 假若 CPU 向外输出 20 位地址，则它能直接访问的存储空间可达 1MB
   C. 假若计算机在使用过程中突然断电，DRAM 中存储的信息不会丢失
   D. 外存储器中的信息可以直接被 CPU 处理

8. 通常所说的 PC 是指_____。
   A. 小型计算机
   B. 微型计算机

C．大型计算机　　　　　　　　　　D．中型计算机

9．下列各项指标中，_____是数据通信系统的主要技术指标之一。

　　A．分辨率　　　　　　　　　　　B．传输速率

　　C．重码率　　　　　　　　　　　D．时钟主频

10．鼠标是一种_____。

　　A．输入设备　　　　　　　　　　B．存储器

　　C．寄存器　　　　　　　　　　　D．输出设备

11．下列术语中，属于显示器性能指标的是_____。

　　A．分辨率　　　　　　　　　　　B．精度

　　C．速度　　　　　　　　　　　　D．可靠性

12．计算机的特点是处理速度快、计算精度高、存储容量大、可靠性高、工作全自动，以及_____。

　　A．便于大规模生产　　　　　　　B．体积小巧

　　C．造价低廉　　　　　　　　　　D．适用范围广、通用性强

13．微型计算机的性能主要取决于_____。

　　A．中央处理器　　　　　　　　　B．硬盘

　　C．内存条　　　　　　　　　　　D．显示器

14．可以将图片输入计算机的设备是_____。

　　A．扫描仪　　　　　　　　　　　B．绘图仪

　　C．鼠标　　　　　　　　　　　　D．键盘

15．光盘驱动器是一种利用_____技术存储信息的设备。

　　A．激光　　　　　　　　　　　　B．电子

　　C．半导体　　　　　　　　　　　D．磁效应

16．显示器的像素分辨率_____。

　　A．越高越好　　　　　　　　　　B．中等就可以

　　C．越低越好　　　　　　　　　　D．一般就可以

17．在下列设备中，不能作为微型计算机输出设备的是_____。

　　A．绘图仪　　　　　　　　　　　B．打印机

　　C．显示器　　　　　　　　　　　D．键盘

18．微型计算机外（辅）存储器是指_____。

　　A．RAM　　　　　　　　　　　　B．DDR

　　C．ROM　　　　　　　　　　　　D．硬盘

19．操作系统属于_____类型软件。

　　A．底层软件　　　　　　　　　　B．系统软件

　　C．应用软件　　　　　　　　　　D．常用软件

20．电源供电器是台式计算中的一个重要组件，负责将交流电转为稳定的直流电，_____不是常见的供电输出电压。

    A．19V   B．12V

    C．5V   D．3.3V

二、填空题（请将正确答案填写在题中横线上，每小题 2 分，本大题共 20 分）

1．_____是将运算器、控制器、高速内部缓存集成在一起的超大规模集成电路芯片，是计算机中最重要的核心部件。

2．存储器是具有记忆功能的设备，分为_____和_____两大类。

3．计算机硬件是衡量一台计算机性能高低的标准。我们常见的计算机可直观地看到的部件有_____。

4．软件系统包括_____和_____两大类。

5．主板在加电并收到电源的 Power_Good 信号后，由时钟电路产生系统复位信号，CPU 在复位信号的作用下开始_____。

6．总线是指计算机组件间规范化的_____的方式，即以一种通用的方式为各组件提供数据传送和控制逻辑。

7．为防止人体产生的_____将集成电路内部击穿而造成配件损坏，在安装计算机部件时，要带上防静电手套或防静电手环，并保持接地良好。

8．Award BIOS 自检响铃一长一短，其含义是_____。

9．Phoenix-Award BIOS 主菜单中，"Power Management Setup" 的含义是_____。

10．主板上有两个 SATA 接口，一个用于连接_____，另一个用于连接光驱。

三、简答题（每小题 5 分，本大题共 20 分）

1．简述计算机硬件的选购原则。

2．简述选购计算机硬件时，内存与主板的搭配原则。

3．简述安装计算机硬件时需要注意的问题。

4．简述高清晰度多媒体端口（HDMI）的基本功能。

四、综合应用题（每小题 10 分，本大题共 20 分）

1．需要在进入计算机操作系统时输入密码"Buwang"，请写出设置步骤。

2．学校政教处老师的计算机昨天可以使用，但今天就无法正常启动了。请分析导致这台计算机无法启动的故障原因有哪些，并写出 4 个以上可能导致无法启动的原因及其排除故障的方法。

综合测试题（二）

（本测试满分 100 分，测试时间 90 分钟）

一、选择题（每小题 2 分，本大题共 40 分）

1．工程师拆开一台便携式计算机，看到主机上的一个芯片上标有 Intel 的标识，则这个芯片可能是_____。

    A．网卡（LAN）   B．无线网卡（WLAN）

    C．中央处理器（CPU）   D．以上都有可能

2．在下列关于核心显卡的叙述中，正确的是_____。

    A．系统中安装有两块显卡，其中一块作为核心显卡，另一块作为辅助显卡

    B．核心显卡是整合在 CPU 内部的图形处理核心，依托处理器强大的运算能力和智能能效调节进行设计，低功耗是核心显卡最主要的优势

    C．核心显卡是指板载显卡

    D．核心显卡没有特别的意义

3．下列关于话筒降噪技术的叙述中，错误的是_____。

    A．通过声音过滤技术对人声和噪声进行有效分离，去除不相关的杂音，保持清晰的人声通话，更具专业水准

    B．所谓"双 MIC 降噪技术"是指通过技术处理，使用内置的两个话筒，一个用于稳定保持清晰通话，另一个用于主动消除噪声

    C．使人们在嘈杂的环境中依旧能够保证通话质量的清晰

    D．本质上属于被动降噪技术

4．近年来，芯片组变化的趋势是_____。

    A．单芯片   B．多芯片

    C．组合芯片   D．以上都不对

5．GeForce 芯片是_____公司生产的。

    A．NVIDIA   B．ATI

    C．Intel   D．MS

6．在下列关于计算机组成的叙述中，错误的是_____。

    A．一台计算机是由许许多多的零部件组成的

    B．计算机发展到现在，其零部件有了很大的变化，但其工作原理却没有变化

    C．计算机发展到现在，其零部件、工作原理都有了很大的变化

    D．计算机硬件一般包括主板、CPU、内存、硬盘、显卡、声卡等

7. 下列关于台式计算机特点的叙述中，错误的是_____。

    A．和便携式计算机相比，性能更高，但占用空间较大

    B．和便携式计算机相比，相同价格前提下配置较好

    C．和便携式计算机相比，若硬件损坏则更换价格相对更高

    D．和便携式计算机相比，笨重、耗电量大

8. 下列关于一体机特点的叙述中，错误的是_____。

    A．一体机是介于便携式计算机和台式计算机中间的一种设备

    B．所谓一体机，就是将所有零部件都集中在主板上的一种设备

    C．一体机一般没有单独的机箱，主板、CPU、显卡、内存条、硬盘等都被集成在显示器上

    D．由于不会经常移动，它不必过分追求轻薄，因此可以采用一些性能更强的台式计算机的配件

9. _____不集成在台式计算机散热系统的主板上。

    A．CPU 散热器风扇   B．机箱风扇

    C．电源风扇   D．机箱

10. 芯片级的发展趋势是_____。

    A．ONEChip   B．多元化

    C．网络化   D．以上都不是

11. 下列关于 BIOS 的叙述中，错误的是_____。

    A．BIOS 的版本越高越好

    B．BIOS 的版本并不是越高越好

    C．BIOS 是英文 "Basic Input Output System" 的缩写

    D．BIOS 是个人计算机启动时加载的第一个软件

12. 下列关于当前主流 CPU 封装及其技术的叙述中，错误的是_____。

    A．CPU 一般由一个 CPU 及一个 GPU 封装而成

    B．某些品牌的 CPU 不封装就可以直接使用

    C．封装技术是一种将集成电路用绝缘的塑料或陶瓷材料打包的技术

    D．封装对于芯片来说是必需的

13. 下列关于计算机散热系统的叙述中，错误的是_____。

    A．日常使用时，需要注意计算机整体的散热环境，尽量在通风环境较好、温度适宜的情况下使用计算机

    B．CPU 散热器风扇及散热口要根据使用情况，定期到服务站进行除尘及维护

    C．建议在使用便携式计算机时使用散热底座，放在床上或沙发上使用时要注意不能挡住 CPU 散热口

    D．便携式计算机的 CPU 散热器是带风扇的，个别游戏机的 CPU 散热器还有多风扇设计

14．下列关于蓝牙的叙述中，错误的是_____。

　　A．可实现固定设备、移动设备和楼宇个人域网之间的短距离数据交换

　　B．蓝牙的工作原理是基于低成本的收发器芯片，特点是传输距离远、低功耗

　　C．蓝牙是一种无线技术标准

　　D．蓝牙主要用于便携式设备

15．下列关于声卡的叙述中，错误的是_____。

　　A．声卡协助 CPU 处理音频数据

　　B．声卡可独立处理音频数据

　　C．声卡负责把数字信号还原为真实的声音并输出

　　D．声卡可以把来自话筒、收/录音机等设备的语音、音乐等声音转变为数字信号

16．下列关于显卡的叙述中，错误的是_____。

　　A．显示芯片是显卡的主要处理单元，又称 VGA

　　B．显卡主要由显卡主板、显示芯片、显示存储器、散热器等部分组成

　　C．主流显卡的显示芯片主要有 NVIDIA 和 AMD

　　D．显卡所支持的各种 3D 特效由显示芯片的性能决定

17．下列关于独立显卡的叙述中，正确的是_____。

　　A．独立显卡具有独立显示芯片和显存

　　B．独立显卡具有独立的连接线

　　C．独立显卡具有独立的板卡

　　D．只有台式计算机才有独立显卡

18．显卡中的显示芯片又叫_____。

　　A．GPU　　　　　　　　　　　B．CPU

　　C．ATI　　　　　　　　　　　D．Audio

19．衡量电源适配器是否通用时需要考虑_____。

　　A．接口类型　　　　　　　　　B．电压

　　C．功率　　　　　　　　　　　D．以上都需要考虑

20．目前 SSD 的主流品牌有_____。

　　A．希捷　　　　　　　　　　　B．三星

　　C．金士顿　　　　　　　　　　D．以上都是

二、填空题（请将正确答案填写在题中横线上，每小题 2 分，本大题共 20 分）

1．_____用于在 CPU 与 RAM 之间传送需要处理或需要储存的数据。

2．_____是一组共同工作的集成电路，它负责将计算机的微处理器和计算机的其他部分相连接，决定了主板的可扩展能力，是决定主板级别的重要硬件。

3．_____是执行程序的部件，程序是由多条指令组成的，可以提前存储在计算机内存中。

4．_____也叫时钟频率，单位是 MHz，主要用来表示 CPU 的运算速度。

5．固态硬盘简称_____，固态硬盘是用固态电子存储芯片阵列制成的硬盘，由控制单元和存储单元 FLASH 芯片、DRAM 芯片组成。

6．_____是互补金属氧化物半导体的缩写，其本意是指制造大规模集成电路芯片所用的一种技术或用这种技术制造出来的芯片，这里通常是指计算机主板上的一块可读/写的 RAM 芯片。

7．计算机系统启动时，BIOS 程序负责读取_____中的信息、初始化计算机的各硬件的状态。

8．计算机启动过程中，如果硬件发生故障，计算机的蜂鸣器会发出不同的_____，通过 BIOS 的自检响铃可以判断出一些基本的硬件故障。

9．Award BIOS 自检响铃不断地发出长声响，其含义是_____。

10．安装双通道内存条时，要将内存条安装在_____上。不同规格的内存条尽量不要混用，以免造成系统的不稳定。

三、简答题（每小题 5 分，本大题共 20 分）

1．简述选购计算机硬件时，CPU 与主板的搭配原则。

2．简述内存条的主要性能指标。

3．简述通用串行总线的基本功能。

4．简述设置 BIOS 密码的方法。

四、综合应用题（每小题 10 分，本大题共 20 分）

1．小明是一位计算机 DIY 爱好者，今天组装完计算机后，发现系统完全不能启动，电源指示灯不亮，为计算机通电后蜂鸣器连续发出几声长声响，且显示器无显示，请帮助小明分析故障原因。

2．一台新组装的计算机，在服务商处运行一切正常，取回家开机后，电源已经通电了，机箱面板的电源指示灯、硬盘灯都亮，但是显示器不亮，只有橘黄色的显示器指示灯在不断地闪烁，无声音提示，请分析故障原因。

综合测试题（三）

（本测试满分 100 分，测试时间 90 分钟）

一、选择题（每小题 2 分，本大题共 40 分）

1. 硬盘的低级格式化又称硬盘的_____格式化或低格，其主要目的是划分磁道、建立扇区数和选择扇区的间隔比，即为每个扇区标注物理地址和扇区头标志，并以硬盘能识别的方式进行编码。

    A．物理   B．化学

    C．快速   D．常规

2. 操作系统在进行硬盘数据管理时，并不是直接使用物理扇区进行分配的，而是用一个数字来表示分配的扇区，这个数字称为_____扇区数。

    A．虚拟   B．标识

    C．逻辑   D．物理

3. 硬盘数据丢失的故障类型有两种，分别为软件类型故障和硬件类型故障，_____不属于软件类型故障。

    A．受病毒感染

    B．误格式化或误分区

    C．物理零磁道或逻辑零磁道损坏

    D．磁头变形

4. 硬盘数据丢失的故障类型有两种，分别为软件类型故障和硬件类型故障，_____不属于硬件类型故障。

    A．盘片划伤

    B．磁臂断裂

    C．物理零磁道或逻辑零磁道损坏

    D．磁头变形

5. _____是硬盘进行数据存储的最小单位。

    A．簇   B．柱面

    C．磁头   D．扇区

6. 若要开启某个分区的系统还原功能，则须将该分区的状态设置为（   ）。

    A．监视   B．已关闭

    C．还原   D．恢复

7. 硬盘固件区损坏或电路板损坏时，硬盘中的数据_____。

    A. 并没有遭到破坏   B. 被轻微破坏

    C. 破坏比较严重   D. 完全被破坏

8. 扇区的伺服信息采用的是_____方式。

    A. ECC 校验   B. CRC 校验

    C. CCR 校验   D. CEC 校验

9. 使用驱动精灵的_____功能，不仅可以实现驱动程序的卸载功能，还能实现驱动程序的更新功能。

    A. 备份还原   B. 标准模式

    C. 驱动微调   D. 系统补丁

10. Windows 7 操作系统自身具备系统备份与还原功能，_____标签设置页面有"系统还原"按钮。

    A. 计算机名   B. 系统保护

    C. 高级   D. 硬件

11. 高级格式化只是重新_____文件分配表和根目录表，并不会删除原有扇区中的数据。

    A. 创建   B. 编辑

    C. 修改   D. 排序

12. 当使用 DiskGenius 软件进行分区搜索时，_____不是可选择的搜索范围。

    A. 整个硬盘   B. 当前选择的区域

    C. 所有未分区区域   D. 间隔分区区域

13. 在 Windows 7 操作系统中完成本地硬盘系统的保护设置时，若仅对 Windows 7 操作系统的安装分区进行还原操作，则必须选择_____。

    A. 还原系统设置和以前版本的文件

    B. 还原以前版本的文件

    C. 关闭系统保护

    D. 开启系统保护

14. GHOST 软件支持 FAT16、FAT32、NTFS 等多种分区格式硬盘的备份与还原，_____不是其具备的功能。

    A. 硬盘对硬盘复制（Disk To Disk）

    B. 把硬盘上的所有内容备份为映像文件（Disk To Image）

    C. 从备份的映像文件形成新的映像（Image From Image）

    D. 分区对分区复制（Partition To Partition）

15. 若要运行注册表编辑器，则需要单击"开始→运行"选项后输入_____命令。

    A. regedit   B. copy

C．ping   D．diskpart

16．如果在硬盘根目录下发现隐藏文件 autorun.inf 或 pagefile.pif 文件，则表明计算机中有＿＿＿＿＿＿＿病毒。

    A．磁碟机   B．熊猫烧香

    C．黑色星期五   D．落雪

17．驱动程序的作用是对＿＿＿＿＿＿不能支持的各种硬件设备进行解释，使计算机能够识别这些硬件设备，从而保证它们的正常运行。

    A．操作系统   B．BIOS

    C．主板   D．内存

18．Windows 的驱动程序大多保存在＿＿＿＿＿＿文件夹中，这个文件夹是隐藏的。

    A．debug   B．Logs

    C．Vss   D．INF

19．＿＿＿＿＿＿＿不属于计算机病毒的特点。

    A．寄生性   B．传染性

    C．适应性   D．潜伏性

20．因某个事件或数值的出现，诱使病毒实施感染或进行攻击的特性称为病毒的可触发性，＿＿＿＿＿＿＿不具备触发病毒的条件。

    A．时间   B．温度

    C．日期   D．文件类型或某些特定数据

二、填空题（请将正确答案填写在题中横线上，每小题 2 分，本大题共 20 分）

1．硬盘物理扇区是指用＿＿＿＿＿＿、磁头、扇区三个参数来表示硬盘的某一区域，用这种方法标识的扇区称为物理扇区。

2．硬盘中每个扇区的数据是通过一定的校验公式来保障数据的完整性和准确性的。校验方式一般为 CRC 校验和＿＿＿＿＿＿校验。

3．硬盘的格式化有两种类型：一种是低级格式化；另一种是高级格式化。一般对硬盘进行格式化的顺序是：＿＿＿＿＿＿＿＿＿＿＿＿＿＿＿＿＿＿＿＿＿＿。

4．在实际操作中，删除文件并不会把数据从硬盘扇区中实际删除，而只是把文件的地址信息在文件分配表和＿＿＿＿＿＿＿＿＿＿中删除，而文件的数据本身还保存在原来的扇区中。

5．采用 MBR 分区表模式的硬盘有三种分区类型，它们是主分区、扩展分区和＿＿＿＿＿＿。

6．重新分区只是对硬盘的＿＿＿＿＿＿＿进行改动，硬盘中的数据并没有被破坏。

7．硬盘常用的分区格式有 FAT16、FAT32 和＿＿＿＿＿＿＿。

8．病毒通过修改硬盘扇区信息或文件内容，并把自身嵌入其中的方法达到的传染和扩散的目的，被嵌入的程序叫作＿＿＿＿＿＿＿＿＿。

9. ＿＿＿＿＿＿＿＿＿＿可将计算机的系统文件及时还原到早期的系统还原点。此方法可以在不影响个人文件的情况下，撤销对计算机系统所进行的更改。

10. 使用 GHOST 软件恢复分区时，一定要选对＿＿＿＿＿＿＿＿，否则可能导致分区丢失或重要数据不能恢复。

三、简答题（每小题 5 分，本大题共 20 分）

1. 简述对硬盘进行低级格式化的目的。

2. 简述 GHOST 软件具有哪些功能。

3. 简述计算机病毒的特点。

4. 简述硬盘数据恢复的层次有哪几种。

四．综合应用题（每小题 10 分，本大题共 20 分）

1. 如何对 Windows 7 操作系统进行系统备份与还原？

2. 请说明使用 FINALDATA 软件进行数据恢复的主要步骤。

综合测试题（四）

（本测试满分 100 分，测试时间 90 分钟）

一、选择题（每小题 2 分，本大题共 40 分）

1. _____是操作系统进行文件数据读/写操作的最小单位。

    A．簇   B．柱面

    C．磁头   D．扇区

2. 硬盘数据丢失的故障类型有两种，分别为软件类型故障和硬件类型故障，_____不属于硬件类型故障。

    A．盘片划伤

    B．磁臂断裂

    C．物理零磁道或逻辑零磁道损坏

    D．磁头变形

3. 在下列操作中，进行_____操作后的数据恢复的难度最大。

    A．删除文件   B．高级格式化

    C．重新分区   D．低级格式化

4. _____是硬盘进行数据存储的最小单位。

    A．簇   B．柱面

    C．磁头   D．扇区

5. 驱动程序的备份不是对原有的驱动盘进行备份，而是直接对从_____中提取已经安装好的驱动程序进行备份。

    A．操作系统   B．应用程序

    C．配置文件   D．系统文件

6. 删除文件只是文件的地址信息在_____中被删除，而文件的数据本身还保存在原来的扇区中。

    A．G 列表或者 P 列表   B．文件分配表和固件区

    C．文件分配表和根目录表   D．根目录表和固件区

7. 高级格式化只是重新_____文件分配表和根目录表，并不会删除原有扇区中的数据。

    A．创建   B．编辑

    C．修改   D．排序

8. Windows 7 操作系统自身具备系统备份与还原功能，_____标签设置页面具有"系统还原"按钮。

    A. 计算机名   B. 系统保护

    C. 高级   D. 硬件

9. 在 Windows 7 操作系统"系统保护"标签设置页面中，_____不是"配置"选项所具备的功能。

    A. 还原设置   B. 硬盘空间使用量

    C. 删除还原点   D. 创建还原点

10. _____软件具有数据恢复功能。

    A. DM   B. FINALDATA

    C. GHOST   D. FORMAT

11. 若要运行注册表编辑器，则可选择"开始→运行"选项后输入_____命令。

    A. regedit   B. copy

    C. ping   D. diskpart

12. 输入_____命令可以打开"磁盘管理"窗口。

    A. diskmgmt.msc   B. list disk

    C. diskpart   D. cmd

13. 通常所说的 CPU 芯片包括_____。

    A. 控制器、运算器和寄存器组   B. 控制器、运算器和内存储器

    C. 内存储器和运算器   D. 控制器和内存储器

14. 如果在硬盘根目录下发现隐藏文件 autorun.inf 或 pagefile.pif，则表明计算机中有_____病毒。

    A. 磁碟机   B. 熊猫烧香

    C. 黑色星期五   D. 落雪

15. _____不属于计算机病毒的危害。

    A. 影响计算机运行速度   B. 破坏显示器

    C. 影响操作系统正常运行   D. 破坏系统数据区

16. Windows 的驱动程序大多保存在_____文件夹中，这个文件夹是隐藏的。

    A. debug   B. Logs

    C. Vss   D. INF

17. DirectX 是 Windows 嵌入操作系统中的应用程序接口（API），DirectX 由显示部分、声音部分、输入部分和_____部分共四部分组成。

    A. 网络   B. 存储

    C. 输出   D. 控制

18. _____不属于计算机病毒的特点。

    A．寄生性   B．传染性

    C．适应性   D．潜伏性

19. 因某个事件或数值的出现，诱使病毒实施感染或进行攻击的特性称为病毒的可触发性，_____不具备触发病毒的条件。

    A．时间   B．温度

    C．日期   D．文件类型或某些特定数据

20. Windows 7 操作系统进入安全模式的方法是，在计算机开机自检时按_____键，选择"安全模式"即可。

    A．F1   B．F5

    C．F8   D．F12

二、填空题（请将正确答案填写在题中横线上，每小题 2 分，本大题共 20 分）

1．扇区是硬盘进行数据存储的最小单位，_____是操作系统进行文件数据读/写操作的最小单位。

2．硬盘分区表有 MBR 分区表和_____分区表两种模式。

3．如果杀毒软件不能彻底清除病毒，或者重启计算机后病毒再次出现，则应进入_____模式对病毒进行查杀。

4．驱动程序的作用是对_____不支持的各种硬件设备进行解释，使计算机能够识别这些硬件设备，从而保证它们的正常运行。

5．安装完操作系统后，首先应安装_____，以确保操作系统和驱动程序的无缝结合。

6．数据恢复不仅可以恢复文件、硬盘的数据结构，还可以恢复不同的_____及不同移动数码存储卡上的数据。

7．如果计算机仅因为重新分区但未进行其他操作而导致数据丢失，恢复起来是非常简单的，只需要将_____重新修复好，所有的原有数据就可以全部恢复，并且没有任何格式上的改变。

8．当使用分区软件删除一个分区时，会将分区的位置信息从_____中删除，而不会删除分区内的任何数据。

9．计算机经常出现系统瘫痪或蓝屏故障，硬盘重新格式化并再次安装系统后一切正常。这种情况多是因为硬盘的_____和数据纠错电路性能不稳定而造成的。

10．硬盘完全低级格式化后，硬盘所有扇区中的数据将_____，恢复数据就变得非常困难。

三、简答题（每小题 5 分，本大题共 20 分）

1．简述硬盘分区的作用。

2．简述使用 GHOST 软件对系统分区进行备份的操作步骤。

3．简述计算机病毒的主要危害。

4．简述通过命令行查看硬盘的分区表类型的步骤。

四、综合应用题（每小题 10 分，本大题共 20 分）

1．如何判断硬盘是否出现了硬件类型故障？

2．请说明采用 MBR 分区表模式的硬盘的分区类型有几种形式。

综合测试题（五）

（本测试满分 100 分，测试时间 90 分钟）

一、选择题（每小题 2 分，本大题共 40 分）

1．下列不属于硬件故障的是_____。

    A．CPU 温度过高导致死机

    B．硬盘碎片过多导致计算机运行速度变慢

    C．声卡与主板接触不好，计算机不能发出声音

    D．计算机开机后无显示，计算机蜂鸣器连续长响

2．下列故障中，由电源供电不足而引起的是_____。

    A．计算机工作一段时间后，特别是在 CPU 占用率高的时候，容易死机

    B．计算机运行程序时出现蓝屏

    C．计算机新增一个刻录机，刻盘时经常死机

    D．显示器花屏

3．诊断计算机故障的最小系统中，不包含的硬件是_____。

    A．主板　　　　　　　　　B．内存条

    C．网卡　　　　　　　　　D．显卡

4．计算机故障在检修前要"先排除次要部件故障，再排除主要部件故障"，遵循的故障诊断原则是_____原则。

    A．主次分明　　　　　　　B．一切从简单的事情做起

    C．先软后硬、由外到内　　D．先想后做

5．用最小系统法诊断故障能缩小查找范围，硬件最小系统不包括_____。

    A．电源　　　　　　　　　B．主板

    C．显示器　　　　　　　　D．硬盘

6．在进行计算机维修前，首先要做的事情是_____。

    A．除尘　　　　　　　　　B．通电

    C．观察　　　　　　　　　D．拆解

7．一台计算机经常莫名其妙地死机，怀疑是内存条工作不稳定造成的，换插一条正常的内存条进一步测试，这种检测故障的方法叫作_____。

    A．比较法　　　　　　　　B．插拔法

    C．替换法　　　　　　　　D．观察法

8. 以下导致计算机蓝屏的原因中属于硬件类型故障的是_____。

  A. 系统资源产生冲突或资源耗尽

  B. 内存物理损坏

  C. 虚拟内存不足

  D. 黑客攻击

9. 为一台正常工作的计算机增加一块新硬盘后，经常出现重启现象，可能的原因是_____。

  A. 硬盘数据线接反   B. 主从跳线设置错误

  C. 电源供电不足   D. 新硬盘与原硬盘不兼容

10. 系统不能启动，电源指示灯不亮，听不到散热器风扇的转动声音，故障部位可能是_____。

  A. 键盘   B. 外设

  C. 电源   D. 内存条

11. 下列硬盘数据丢失的故障中，属于硬件类型故障的是_____。

  A. 硬盘分区错误

  B. 操作系统被病毒破坏

  C. 硬盘0柱面损坏，导致硬盘上的数据无法被读出

  D. 安装的驱动程序版本不对，网卡不能正常工作

12. 在计算机的日常使用中，80%以上的故障的产生原因是_____。

  A. 硬件原因   B. BIOS设置

  C. 软件原因   D. 系统原因

13. HD Tune软件是一款在国内非常流行的_____检测软件。

  A. CPU   B. 硬盘

  C. 内存   D. 显卡

14. 3DMark 11软件包含了_____和_____两大测试场景。

  A. 深海、神庙   B. 硬件、软件

  C. 主板、内存   D. 内存、显卡

15. 液晶显示器合格的国家标准是"_____"。

  A. 335   B. 336

  C. 334   D. 344

16. 在Windows 10操作系统中输入_____命令，可以打开"系统配置"对话框。

  A. msconfig   B. regedit

  C. CMD   D. Ipconfig

17. 当使用硬盘坏道修复软件时，对逻辑磁道损坏的修复率可达_____。

    A．100%　　　　　　　　　　　　B．80%

    C．90%　　　　　　　　　　　　D．60%

18. 杀毒软件是计算机系统的_____。

    A．引导程序　　　　　　　　　　B．操作系统

    C．应用软件　　　　　　　　　　D．监控程序

19. 观察一台有故障的计算机的硬盘指示灯，如果出现不规律的闪烁，且硬盘有读取数据的声音，则可判断操作系统启动正常，因此须将检查的重点放在_____上。

    A．内存条　　　　　　　　　　　B．显卡

    C．显示器　　　　　　　　　　　D．硬盘

20. 当计算机发生故障时，需要按_____键进入安全模式。

    A．F8　　　　　　　　　　　　　B．F5

    C．F7　　　　　　　　　　　　　D．F10

二、填空题（请将正确答案填写在题中横线上，每小题 4 分，本大题共 20 分）

1．替换法的顺序为首先考查与被怀疑有故障部件相连接的_____接触是否良好、安装是否到位等，然后替换被怀疑有故障的部件，其次替换_____，最后替换与之相关的其他部件。

2．释放电荷法是将主机断电，然后连按_____次主机电源开关，或者按住主机电源开关_____秒。此种方法有时能够解决隐性的疑难杂症，也是最简单、最容易操作的维修方法。

3．通常，诊断卡在使用中可以根据诊断卡上_____显示的状况，对照诊断卡的_____，轻松鉴别出有故障的硬件。

4．升降温法是通过提高或降低计算机使用环境的_____来查看故障现象变化的维修方法。此种方法有时能够较快地发现故障硬件，提高_____。

5．在 Windows 10 操作系统中，若要关闭系统声音，则应该首先在"控制面板"窗口中打开"_____"选项，然后在"_____"中取消勾选 Windows 10 操作系统默认的"播放 Windows 启动声音"复选框。

三、简答题（每小题 5 分，本大题共 20 分）

1．简述使用优化大师对硬盘进行缓存优化的方法和步骤。

2．简述计算机故障的排除方法有哪些。

3．简述蓝屏的定义是什么。

4．简述死机故障一般分为哪两类，故障的主要表现有哪些。

四、综合应用题（每小题 10 分，本大题共 20 分）

1．小明购买了一台预装 Windows 7 操作系统的台式计算机，他使用分区工具对隐藏分区设置了盘符，请根据自己所学排除下列故障。

（1）开机后 CPU 散热器风扇运转但黑屏，主板 BIOS 有报警声。请问这种故障最有可能是哪个硬件出现问题？如何解决？

（2）问题（1）故障被排除后屏幕提示信息"Invalid system disk"。请写出最有可能导致该故障的原因及排除故障的方法。

2．某单位一台计算机在使用中经常无故重启，请根据自己所学分析其可能的故障原因有哪些，以及排除故障的方法。

反侵权盗版声明

电子工业出版社依法对本作品享有专有出版权。任何未经权利人书面许可，复制、销售或通过信息网络传播本作品的行为；歪曲、篡改、剽窃本作品的行为，均违反《中华人民共和国著作权法》，其行为人应承担相应的民事责任和行政责任，构成犯罪的，将被依法追究刑事责任。

为了维护市场秩序，保护权利人的合法权益，我社将依法查处和打击侵权盗版的单位和个人。欢迎社会各界人士积极举报侵权盗版行为，本社将奖励举报有功人员，并保证举报人的信息不被泄露。

举报电话：（010）88254396；（010）88258888

传　　真：（010）88254397

E-mail：　dbqq@phei.com.cn

通信地址：北京市万寿路 173 信箱

　　　　　电子工业出版社总编办公室

邮　　编：100036